보편적
건축을 향하여

김선우
지음

P.

여는
글

블록버스터 건축 vs.
보편적 건축

이 책은 '건축학'이라는 전공 학문의 고유한 가치에 관하여 개인적으로 오랜 시간 고민한 결과다. 나는 건축을 공부하고 관련 분야에서 일하는 내내 '건축가' 혹은 '건축사'라는 직업이 정확히 어떤 가치 판단 기준에 의해 평가될 수 있는지, 또 어떤 사람이 '좋은' 건축가이고 어떤 건물이 '좋은' 건축물인지에 대한 만족스러운 해답을 얻을 수 없었다. 나름대로 설명하는 사람들을 학교와 직장에서 만날 수 있었지만, 대부분은 건축가를 실무적인 입장에서 기술자로 단순화하거나 인문학자 같은 종합 지식인으로 지나치게 치켜세우는데 그쳤다. 또 어떤 사람들은 화려한 수상 경력을 갖고 있으면 좋은 건축가라 말하며 이를 자신의 건축 인생 목표로 삼기도 한다. 이전에 나 또한 로스앤젤레스에 있는 〈디즈니콘서트홀〉을 설계한 프랭크 게리Frank O. Gehry, 1929~나 〈테네리페 음악당〉을 설계한 산티아고 칼라트라바Santiago Calatrava, 1951~와 같이 세계적인 건축가가 설계한 화려한 형태와 디자인의 건축물이 '좋은' 건축물이라 생각했다. 그 당시 나는 이 건축가와 건축물이 '왜' 좋은지 진지하게 생각하지 못했다. 그저 〈동대문 디자인 플라자〉나 중국의 〈CCTV 사옥〉처럼 유명 건축가의 멋진 디자인을 동경했고, 그들의 취향이 더 좋은 것이라고 생각했다. 속된 표현으로 유명하고 잘나가면 '짱땡'이라는 단순한 결론인데, 지금 생각하면 너무나 부끄러운 사고방식이다.

 졸업 후 실무와 유학을 경험하면서 흔히 말하는 첫눈에 사로잡는 멋진 디자인이 정말 좋은 것인지 의문이 생기기 시작했다. 일반인들은 상상도 하지 못할 막대한 자본을 들여서 만든 화려한 디자인이 건축의 궁극적·일반적 목표라 믿었다면 이런 의문을

그림1 〈내셔널 네덜란덴 빌딩〉, 프랭크 게리, 1996

갖지 않았을 것이다. 영화를 예로 들어보자. 거대 자본이 투입되는 〈어벤져스〉 같은 블록버스터 영화가 재미는 있을지언정 영화라는 예술의 보편적 가치를 대변하지 않으며, 〈기생충〉 같은 영화보다 굳이 더 '좋은' 영화라고 말할 수도 없다. 왜냐하면, 블록버스터 영화는 대중적이기 위해서 영화 예술의 가치보다 시장이 원하는 것에 더 민감할 수밖에 없기 때문이다. 같은 맥락에서 내가 앞서 말한 스타 건축가들의 화려한 디자인 또한 상위 0.1%의 선택된 사람들과 자본에 의해서만 탄생 가능한 '블록버스터 건축'이다. 그리고 이런 블록버스터 건축은 대중의 눈과 시장을 사로잡을 수 있을지언정, 건축이라는 학문의 보편적 가치를 대변할 수 없다.

자본의 관점에서 벗어나더라도 블록버스터 건축의 단점은 또 있는데, 거대 자본이 블록버스터 건축을 통해 얻고자 하는 것은 시장에 홍보하기 쉬운 형태인 아이콘Icon이라는 사실이다. 즉, 유명 건축가의 화려하고 멋진 디자인은 결국 시장과 자본의 논리 및 브랜딩 전략으로부터 큰 영향을 받을 수밖에 없고, 그 출발점이 정해진다고 말할 수 있다. 그러므로 스타 작가들의 형태적 화려함과 세련됨 뒤에 숨어있는 것은 작가 개인의 취향과 스타일을 상품처럼 사용하고 우리가 사는 환경의 보편성과 다양성을 무시하는 시장 논리다.[1]

이런 도덕적 문제를 양보하더라도 블록버스터 건축이 좋은 건축의 본보기라고 보기 힘든 이유는 더 있다. 이는 건축만이 아니라 시장 논리에 잠식된 다양한 예술 분야의 창작활동이 당면하고 있는 문제인데 작가는 자신만의 매력을 포기하게 되며 창작

그림2 〈테네리페 음악당〉, 산티아고 칼라트라바, 2003

활동을 클라이언트의 요구와 최신 경향에 이중으로 옭아매기 때문에[2] 시장의 이목을 끌기 위한 맹목적인 새로움을 좇게 된다는 것이다. 그리고 이런 새로움은 결국 허무하고 폭력적이다. 이 또한 사회가 필요로 하는 건축의 한 종류이기 때문에, 나는 시장 논리를 따르는 건축을 무조건 반대할 생각은 전혀 없다. 하지만 '우리가 건물을 만들지만, 그 후에는 건물들이 우리를 만든다'는 윈스턴 처칠Winston Churchill, 1874~1965의 말처럼, 건축은 단순한 디자인 활동이 아니기 때문에 건축가들이라도 시장 논리 이외에 좀 더 근본적이고 보편적인 건축의 가치를 모색해야 한다고 나는 믿는다. 어떤 학문이든지 보편적 가치가 없다면 우리는 그 학문에 대해 소통할 수 없고, 소통할 수 없다면 '좋다', '나쁘다' 가치를 판단할 수 있는 토론이 존재할 수 없기 때문이다. 이 책이 그 소통의 시작점이 되었으면 한다.

[1] Aureli, "The Possibility of Absolute Architecture", p.44-45
[2] Semper, "Science, Industry and Art", p.139

그림3 〈앤트워프 항만청 본부 건물〉, 자하 하디드, 2016

**글의
순서**

**보편적
건축을 향하여**

여는 글
블록버스터 건축 vs. 보편적 건축 003

1장 건축과 건축가의 역할 014
새로움은 좋은가? 015
건축가가 할 수 있는 고유의 일은 과연 무엇인가? 018

2장 보편적인 건축의 출발점: 유형과 예시 022
좋은 건축은 무엇인가? 023
보편적인 것이 소통하기 쉽다 030
서양 고전 건축이 보여준 보편성과 소통방식 032
현대 건축의 보편적 언어는? 035

3장 건축을 보편적으로 표현할 수 있는 도구: 형태와 도면 040
형태의 어원 041
형태의 기록: 도면 044

4장 유형이란? 050
분류학에서 유형학까지 051
유형은 선험적이고 절대적이다_ 카트르메르 드 캉시 056
유형은 그 시대의 표준이자 기준이다_ 발터 그로피우스 059
유형은 경험적인 것이다_ 줄리오 카를로 아르간 062
유형은 도시를 읽는 단위이다_ 알도 로시 064
유형은 반복적이고 보편적인 것이다_ 라파엘 모네오 067
유형과 기능주의 069

5장 유형의 가치 072

유형: 창작과 역사의 연결고리 073
과거는 항상 우리 곁에 있다 075
추상화가 필요한 이유 077
추상성: 잠재된 새로움 080
형태와 형태구조 082
반복성은 복제가 아니다 084

6장 유형적 접근법 086

유형과 유형적 접근법 087
일반적 형태 vs. 구체적 형태 089

7장 유형적 접근법의 사례 094

그리드 095
아파트 099

8장 유형과 예시의 상보성 104

9장 예시적 접근법의 특징들 108

구체적인 것에서 구체적인 것으로 109
예외적인 것 111
지적 환경 조성 113

10장 로버트 벤투리의 예시적 접근법 116

로버트 벤투리 건축의 배경 117

포용주의 122

예시는 이미지다 127

11장 J.N.L. 뒤랑의 예시적 접근법 132

예시(사례) 조사 133

역사적 배경 136

지적 환경: 구성 140

12장 건축 디자인의 출발점: 유형적·예시적 접근법 144

닫는 글

건축의 철학적 측면 149

참고 문헌 152
도판 출처 154

1장
건축과 건축가의 역할

새로움은 좋은가?

현재 건축가들은 새로운 기술을 개발하고 싶은 충동에 휩쓸려 기존의 관습을 깊이 이해해야 하는 건축가의 또 다른 의무를 등한시해왔다.[3]

로버트 벤투리(Robert Venturi, 1925~2018)

보편적인 건축은 무엇일까? 문득 머릿속에 떠오른 생각은 '평범한 것', '무난한 것', '합리적인 것' 등이 있으며 어떤 면에선 '새로운 것'의 반대말이라고 볼 수도 있겠다.

그렇다면 다시 질문해 본다. 건축이 꼭 새로워야 할까? 새로움을 추구할 필요가 없는 학문이라고 감히 말하고 싶다. 다른 디자인이나 예술 분야는 늘 새로운 시도가 필요하고 그것만으로도 충분히 가치 있다고 생각한다. 하지만 건축은 그런 예술이라고 말하기에는 너무 특수한 부분이 많다. 하나의 건축물을 완성하는 데는 창의적 활동에 앞서 법규 해석, 하청업체 및 예산 관리 그리고 각종 기능에 필요한 너무도 많은 협업이 이뤄져야 하기에 모든 실무 작업은 '새로움'보다는 '보편성'을 지향한다.

백번 양보해 평범하고 익숙한 것이 좋을 것이 없다 하더라도 나쁠 것은 또 무언가? 하지만 일반적으로 사람들은 막연히 새로움을 원하고 새로운 것은 뭔가 더 좋은 것이라고 받아들이는 경향이 있다. 예를 들어 '이노베이션', '발명' 등 새로움에 관련된 단어들을 부정적으로 받아들이는 사람은 거의 없을 것이다. '새로움'을 거의 무조건 선호하는 이런 현상에 무게추를 맞춰

주는 개념이 바로 독일 철학자 헤겔**G.W.F. Hegel, 1770~1831**의 'Bad Infinity'이다. 나는 이 단어를 '소모적 영구성'으로 해석하였는데, 헤겔에 따르면 '소모적 영구성'은 '한계'를 부정하기 때문에 항상 새로운 것을 만들어야 하고 또 만들 수 있다는 맹목적 믿음에 빠진 상태를 말한다. 다시 말해, 한계가 없다고 믿기 때문에 사람들은 항상 새로운 것을 만들어야 한다는 강박에 사로잡힌다는 것이다.

이탈리아 건축가이자 교육자인 피에르 비토리오 아우렐리**Pier Vittorio Aureli, 1973~**는 이 같은 증상은 사실상 새로운 것을 소모하여 새로운 것을 만들기 때문에 '무無'를 창조하는 것이나 마찬가지라고 말한다. 같은 맥락에서 건축가들이 기존의 유형이나 사례들을 거부하고 디자인의 참신함에만 몰두하다 보면 작가 개인이 모든 것을 임의로 정하게 되며 이런 임의성은 결국 혼돈을 낳게 될 뿐이다. 그리고 이런 혼돈 속에서는 무엇이 새로운 것인지 판단할 가치체계조차 구축될 수 없으므로 우리는 새로움의 가치에 대해 좀 더 비판적으로 생각해 볼 필요가 있다.

인간은 '새로움' 혹은 '새로운 자극'을 받아들이는데 그 지각 능력의 한계가 있으며 오히려 우리의 지각 능력은 서서히 변해가는 일상의 속도에 더 익숙하다. 그리고 건축이 우리가 사는 물리적 환경에 대한 학문이라면, 건축은 새로움보다는 우리의 평범한 일상과 더 맞닿아 있다고 봐도 무방하다.

건축은 창조적인 일이라기보단 일종의 의식儀式, 관습 같은 것이다. 그리고 건축의 이런 반복성과 지속성은 우리에게 익숙함과

편안함을 제공한다.⁴

알도 로시(Aldo Rossi, 1931~1997)

건축은 새로움보다는 보편성을 추구하는 것이 더 합리적인 분야이다. 그러므로 건축에서 진정한 새로움을 만드는 일은 기존 관습, 유형 등이 만든 보편성을 기반으로 해야 한다. 그렇지 않다면 창작은 작가 개인의 임의적 실험이 될 뿐이다.⁵

---

3 Venturi, "Complexity and Contradiction in Architecture", p.43
"*Present-day architects, in their visionary compulsion to invent new techniques, have neglected their obligation to be experts in existing conventions.*"
4 Rossi, "A Scientific Autobiography", p.37
5 de Quincy, "Invention, in Historical Dictionary", p.179-83 (p.181)

건축가가 할 수 있는 고유의 일은 과연 무엇인가?

자신을 역사가라 생각하는 건축가는 과거 사례들을 임의로 재생산하는 실수를 범하고, 자신을 디자이너라 생각하는 건축가는 어설픈 취향taste이나 개인의 미적 감각에 도취될 위험이 있으며, 자신을 물질주의자Materialist라 여기는 건축가는 재료가 모든 건축 형태를 지배한다고 오해한다.[6]
고트프리트 젬퍼(Gottfried Semper, 1803~1879)

건축의 과제는 다양한 정치적, 경제적, 문화적 현상들을 보편적이고 이해할 수 있는 형태로 구체화하는 것이다.[7]
피에르 비토리오 아우렐리(Pier Vittorio Aureli, 1973~)

이 장의 제목처럼 나는 건축가가 하는 일이 정확히 무엇인지 고민을 해왔고 지금도 하고 있다. 현재, 나는 건물을 디자인하고 건설하는 일에 관여하며 구조, 소방, 설비 등 여러 분야의 전문가들과 그 과정에서 생기는 문제들을 협의하고 해결하면서 건물을 완성한다. 하지만 이것이 '건축가만' 할 수 있는 일인지에 대해서는 의구심이 있다. 약간의 경험과 연구를 한다면 여느 시공사도 건축가 못지않게 편리하고 멋진 건물을 디자인하고 지을 수 있다. 미국에서는 주마다 차이가 있지만 건물을 지을 때 구조기술사의 허가는 필수조건이지만 건축사의 허가는 그렇지 않은 경우도 있다.

그렇다면 '건축가만' 할 수 있는 고유한 일은 무엇일까? 이 의구심을 조금이나마 해결해 줄 실마리를 현존하는 가장 오래된 건축 저서인 비트루비우스Marcus Vitruvius Pollio, BC 80-70 ~ BC 15의 『건축십서De Architectura』에서 찾을 수 있었다. 이 책에서 비트루비우스는 건축가가 자신의 디자인을 적절한 언어로 설명할 수 없다면 그 건축은 소통할 가치가 없다는 것을 또한 방증하는 것이기에 '글쓰기'가 건축가의 가장 중요한 덕목이라 설명한다. 그리고 이 논리를 '파브리카Fabrica'와 '라티오키나티오Ratiocinatio'라는 개념을 통해 소개하는데, 파브리카는 건물을 물리적으로 구축하는 기술과 행위를 뜻하며, 라티오키나티오는 건물을 구상하는 단계에서 생기는 지적知的 활동을 뜻한다. 즉, 라티오키나티오는 건물을 '왜' 특정한 방식, 구성, 배치로 짓는지에 대한 고민인데, 비트루비우스는 '건설construction'이 아닌 '건축architecture'에 꼭 필요한 것은 라티오키나티오라 말한다.[8] 건축이라는 학문의 탄생과 함께 항상 존재해온 구상conception과 구축construction, 개념idea과 현실reality 사이 긴장 관계를 정확히 파악한 비트루비우스는 로마 시대부터 '건축'을 '건설'로부터 독립된 학문으로 본 것이다. 즉, 건축가만이 할 수 있는 고유의 일은 '무슨' 건물을 '어떻게' 만들지보다 '왜' 만드는지에 대한 고민과 이를 설명하는 것이다.

비트루비우스에게서 얻을 수 있는 두 번째 단서는 건축가만 건축을 통하여 세상을 보도록 훈련받는다는 것이다. 이는 하나의 건물에 대해 합당한 디자인 논리를 구축하는 것과는 다른 차원의 일이다. 건축가이자 군인이었던 비트루비우스는 100년간의 내전 후 통일된 로마의 첫 황제 아우구스투스Gaius Octavius Thurinus, BC 63 ~ AD 14에게 『건축십서』를 헌납했는데, 그 이유는 통일된 제국에 맞는 건축 체계를 보여주기 위함이었다고 한다.[9] 이를 두 가지 측면으로 해석할 수 있는데 하나는 진시황이 도량형을 통일한 것처럼 통치의 공정함과 편리함을 위한 시스템으로 건축을 생각한 것이고, 다른 측면은 일관된 논리의 건축 시스템을 통해 도시를 만들어 '통일된 제국' 그 자체를 모든 물리적 환경에 재현하는 것이다. '통일된 제국'이 갖는 상징성을 하나의 기념비적 건축물로 보여주는 것이 아니라 건축 디자인 논리로 치환한다면 통일된 제국이라는 상징성이 모든 환경에 자연스럽게 스며들며, 그 논리의 기록인 책은 한 시대를 뛰어넘어 역사에 남는 지식체계가 되기 때문에 나는 개인적으로 두 번째 측면이 훨씬 더 근본적이고 강력한 건축의 힘이라고 생각한다.

결론적으로, '세상을 보는 관점을 건축의 논리로 구축'하는 것은 '건물을 구축'하는 것보다 더 중요하며 건축가만이 할 수 있는 가장 가치 있고 고유한 일이라고 생각한다. 세상을 보는 철학의 일종으로 건축이라는 학문을 생각한다면, 건축가는 어떤 문제를 해결할지 자신이 정할 수는 없어도 세상에 대한 자기 생각을 어떻게 건축적 아이디어로 번역할지에 대한 자유는 주어진다. 그리고 이 일은 건축가만이 할 수 있고 또 가장 잘할 수 있는 일이다.

---

6 Semper, 'Preface', "Comparative Theory of Building", p.191-93
"The architect as a historian arbitrarily reproduces eclectic precedents, while the aesthetician pursues an imperfect theory of taste and aesthetic revivalism, and the materialist believes that only material conditions architectural form."

그림4 『건축십서』, 비트루비우스 지음, 체사레 체사리아노 번역, 16세기

7 Aureli, "The Possibility of Absolute Architecture", p.41-42
"The task of architecture is to reify – that is, to transform into public, generic and thus graspable common things …"
8 McEwen, "Vitruvius: Writing the Body of Architecture", p.32-33
9 Aureli의 2012년 AA School 강연: Theory and Ethos: Towards a Common Architectural Language Part 1 참고

**2장
보편적인 건축의 출발점:
유형과 예시**

좋은 건축은 무엇인가?

원시인은 사회적 소통을 위해 최초의 언어를 개발했다. 그러자 그들은 오두막을 짓고 모닥불 주변에 모이기 시작했다.[10]
비트루비우스

모든 소통 방식은 쉽게 알아볼 수 있는 체계가 있어야 한다 ……
이 체계는 디자인 프로세스에 질서를 제공하며, 임의적이고 주관적인 해석을 방지한다.[11]
피터 아이젠만(Peter Eisenman, 1932~)

위 인용문들의 공통점은 1. 언어와 건축의 기원은 유사하며 2. 건축 또한 언어처럼 그 형태를 통해 소통하므로 문법처럼 보편적으로 받아들일 수 있는 체계와 논리가 있어야 한다는 사실이다. 그렇다면 왜 논리와 소통이 건축에서 중요할까? 소통의 중요성은 앞에서 '설명을 할 수 없다면 건축이 아니다'라는 비트루비우스의 말에서 엿볼 수 있다. 건축을 논리적으로 설명할 수 없다는 것은 건축 디자인 과정과 논리가 건축가 자신에게서도 취향의 문제로 다뤄질 공산이 크며, 마찬가지로 그것을 이해하는 사람들도 각자의 취향에 의존하여 파악할 수밖에 없도록 한다. '취향'은 개인적인 문제로, 내 취향을 남에게 소통하려고 하면 어딘가 항상 모호한 부분이 있어 이해시키는 데 어려움이 있다. 상대방이 나와 비슷한 취향을 갖고 있다면 더할 나위 없이 좋겠지만 그렇지 않으면 상대방을 설득할 여지가 없다. 그냥 취향이 다른 것이다. 〈동대문 디자인 플라자〉가 '취향에 의한 건축'의 대표적인 예다. 건축가 자하 하디드Zaha Hadid, 1950~2016의 전형적인 스타일을 보여주는 이 건물은 취향에 맞는 사람들에게는 좋은 건축물로 인정되겠지만, 그렇지 않다면 경관을 해치는 건물로 취급당하기 일쑤다. 영국의 건축가이며 이론가인 애런 콜훈Alan Colquhoun, 1921~2012은 취향과 직관으로 디자인했던 과거의 건축가들은 다변화된 사회의 복잡한 문제들을 같은 방식으로 접근하는 것이 이제 불가능하며, 더 분석적이고 조직적인 사고방식이 필요하다고 말했다.[12] 이는 '취향'에 의한 디자인 그리고 설명할 수 없는 건축의 한계를 잘 설명하는 대목이다.

그렇다면 설명을 하기 위해선 무엇이 필요할까? 우선 모두가 보편적으로 받아들일 수 있는 문법과 논리체계가 존재해야 특정 언어를 자유롭게 사용하고 소통할 수 있기 때문에, 일관된 논리가 그 전제조건이다. 역사를 돌이켜보면 고대 그리스 철학자들부터 뉴턴, 아인슈타인 같은 현대 물리학자들에 이르기까지 인간 지성은 어떤 현상을 일관된 논리체계로 정리하여 후대가 한 단계 더 나아갈 수 있도록 기록을 남겨왔다. 나는 '좋은' 건축에서 '디자인'의 의미도 이와 통한다고 생각한다. '디자인'은 내가 만들고자 하는 사물을 이쁘고 아름답게 만드는 '심미화aestheticization' 작업이 아니라, 일관성 있는 논리를 통해 소통 가능한 물리적 형태를 만드는 일이다. 정리하면, 일관된 논리는 소통을 위한 전제조건이고, 건축 디자인은 이 논리를 구축하고 물리적으로 보여주는 작업을 총칭한다고 볼 수 있다. 그리고 그 지적知的 결과물은 학문으로서 건축을 발전시킬 기록으로 남을 것이다.

그림5 〈동대문 디자인 플라자〉, 자하 하디드, 2014

그렇다면 소통하는 건축은 과연 어떤 것일까? 르네상스 시대를 대표하는 건축가이자 이론가인 알베르티[13] Leon Battista Alberti, 1404~1472는 건축을 '수사학rhetoric'에 비유했는데 수사학이란 청중을 설득하는 방법에 관한 학문으로, 어떤 단어·논리를 사용하면 사람들의 마음을 더 잘 움직일지에 대해 고민하는 일이다. 그리고 그는 건축 또한 기둥, 창문 같은 요소들을 언어처럼 논리적으로 조합하여 원하는 의도를 전달해야 한다고 말한다.[14] 다만, 건축은 특정 청중이 아니라 도시 구성원 모두에게 그 논리를 소통하기 때문에 그 효과는 더 광범위하다고 볼 수 있다. 그리고 위에서 말한 건축과 수사학·소통 사이 관계를 종합적으로 정리한 개념이 알베르티의 저서 『건축론De re Aedificatoria』에서 소개된 콘치니타스concínnĭtas이다. 콘치니타스는 라틴어로 '아름다움', '조화'를 뜻하는데, 이탈리아 건축가이며 이론가인 비토리오 아우렐리에 의하면 알베르티에게 '조화'란 '소통을 가능하게 만들어주는 것'이다. 즉, 건축가의 의도를 대중과 소통할 수 있게 해주는 것이 '아름다움'의 존재 이유이자 역할이라 말할 수 있다.[15]

또 한 가지 재미있는 점은 알베르티가 라틴어로 이 책을 썼다는 것인데 당시 라틴어는 귀족이나 사제 등 고등 교육을 받은 사람만 이해할 수 있었으며, 인쇄술이 개발되기 전에 책이라는 매체 또한 귀족과 왕족들만 즐길 수 있는 사치품이었다. 그러므로 알베르티는 『건축론』을 건축업 종사자들이 아니라 클라이언트인 귀족과 왕족 그리고 사제들을 위해 쓴 것인데, 지배 계급인 귀족들에게 조화와 소통을 의미하는 '콘치니타스'가 왜 중요했을까? 메디치 가문 등으로 대표되는 르네상스 시대 귀족 가문은

그림6 〈루첼라이 팔라초〉, 레온 바티스타 알베르티, 15세기

부정부패를 통해 부를 축적하거나 돈으로 돈을 버는 경우가 대부분이었다고 한다.[16] 이는 당연히 정치·경제적으로 수많은 문제를 일으켰고 알베르티는 귀족 가문의 이러한 부를 정당화할 방법이 필요하다고 생각했다. 이런 맥락에서 건물의 외관인 파사드 facade는 귀족 가문의 '부'를 적절한 논리로 재현하여 공공public에게 정당화시킬 수 있는 가장 중요한 소통 매체였다. 그래서 알베르티는 입면 디자인 논리를 구축하여 귀족 가문의 건물들을 공공환경 개선을 위한 도시적 장치로 사용하였고[17] 그들의 부를 공공에 정당화하고자 하는 의도를 입면을 통해 도시 구성원 모두와 소통했다. 이렇듯 콘치니타스는 건축에서의 아름다움이 사회·정치적 의도를 효과적으로 소통하는 전략까지 아우른다는 사실을 우리에게 상기시켜 준다. 그림6 참조

위에서 살펴본 바와 같이, 건축이라는 학문에서 '소통'은 시각적인 부분의 아름다움보다 더 중요하고 '좋은' 건축은 일관된 논리를 통해 소통을 돕는 시스템을 갖춘 건축이다. 좋은 건축은 결과적인 형태의 참신함 혹은 인스타그램에 올릴 멋있는 사진으로 정해지는 것이 아니다. 오히려 건축가들은 자신이 디자인할 건축물이 갖는 논리와 소통 가능성에 대해 고민해야 한다.

---

10 Vitruvius, "De architectura", English translation: Ten Books on Architecture, trans. by Morris Hicky Morgan, p.23-24
11 Eisenman,"The Formal Basis of Modern Architecture", p.21
"However, the putting forward of a formal language is not enough in itself, since any means of communication must have a recognizable order, either inherent or imposed…… It will be seen that systems provide a discipline rather than a limit to

this process. Systems deny only the arbitrary, the picturesque and the romantic: the subjective and personal interpretation of the order."
12 Colquhoun, "Typology and Design Method", Perspecta 12 (1969), p.71
13 알베르티는 현재에도 적용될 수 있는 건축에 대한 정의를 내린 인물이다. 그는 도면 표기법을 개발했고, 건축과 시공을 처음으로 분리했으며 투시도 등을 발명했다고 알려져 있다. 원어 제목은 'De re aedificatoria'이며 영어로는 'On the Art of Building in Ten Books'로 번역된다. 그의 저서 제목은 국내에서는 『레온 바티스타 알베르티의 건축론』으로 번역되었다.
14 Pier Vittorio Aureli의 2012년 AA School 강연: Theory and Ethos: Towards a Common Architectural Language Part 2 참고
15 동일 강의 참조
16 동일 강의 참조
17 동일 강의 참조

보편적인 것이 소통하기 쉽다

관습은 공유된 지식과 언어를 통해 만들어지기 때문에 누구나 이해하기 쉽고 명쾌하다. 그래서 관습은 효과적인 소통에 필수적이다.[18]

샘 저코비(Sam Jacoby)

앞에서 좋은 건축은 일관된 논리를 통해 효과적인 소통을 할 수 있다고 말하였다. 그렇다면 우리는 어떤 논리가 소통에 더 적합한지 생각해야 한다. 일관성이 있지만 너무 현학적이라면 그 또한 문제이기 때문이다. 건축의 이야기는 아니지만 종교에서 볼 수 있는 극단주의, 원리주의, 파벌주의 등은 모두 '보편적인' 논리의 부재에서 생겨나는 현상이기 때문에 '일관된' 논리도 중요하지만 '어떤' 논리인가 하는 것도 동일하게 중요한 사안이 된다.

그렇다면 건축에서 보편적인 논리는 무엇일까? 우선 우리에게 익숙해야 하고 특정 문화권에서는 누구나 긴 설명 없이 받아들일 수 있어야 한다. 그리고 건축은 역사적, 기능적, 기술적 해석을 품고 있을 수밖에 없는데, 이 다양한 해석들을 보편적인 틀 안에 유지하면서 우리들에게 익숙한 모습으로 정리해주는 것이 바로 '관습convention'이다. 19세기 프랑스 건축·예술사학자 카트르메르 드 캉시Quatremere de Quincy, 1755~1849는 "관습은 예술가의 열정에 적절한 형태를 부여하고, 특정 시대의 적절한 생활양식과 의사소통 체계는 관습에서 생겨난다."[19] 라며 관습의 가치를 강조했다. 결론적으로, 관습은 합리적인 논리를 갖고 있으면서 동시에 특정 시대 혹은 문화의 감성을 내포하기 때문에 창작활동의 건강한 기준점이며 이런 점 때문에 좋은 건축을 대표하는 보편적 논리라고 봐도 무방하다.

위에서 관습이 '창작활동의 기준점'이라고 표현했는데 이를 시각적인 부분에서만 이해한다면 관습을 고리타분하고 뻔하며 보수적인 것으로 생각하기 쉽다. 하지만 오히려 '관습'은 자유로운 창작의 전제조건이라고 영국의 건축가이자 이론가 피터 칼 Peter Carl은 말한다.[20] 이 말에는 창작과 관습에 관한 재미있는 긴장 관계가 숨어있는데, 그의 논리를 따르자면 관습에 대한 익숙함은 고리타분함을 초래하는 것이 아니라 오히려 그것을 다루는 능수능란함을 통해 새로움을 만들 수 있는 자신감을 작가에게 준다고 이해할 수도 있다. 또, 이렇게 새로움의 정반대 개념이라고 볼 수 있는 관습적인 것 또는 보편적인 것을 통해 만들어진 새로움은 '급진적인 것'이나 '새로움을 위한 새로움'이 아닌 보편성에 대한 이해와 존중을 근간으로 만들어진 '체계적인 새로움'이기에 더 건강한 창작활동을 돕는다.

---

18 Jacoby, "The Reasoning of Architecture: Type and the Problem of Historicity", 2013, p.3
"An effective communication...requires legibility and reciprocated intellection, which depend on a shared knowledge and language, in short: conventions."
19 de Quincy, "Essay on Imitation", p.62
"Conventions enable the artist to give 'to every passion its proper language, to every condition, to every age its habits, manners and mode of speech."
20 Carl, "Type, Field, Culture, Praxis", Architectural Design, 2011, p.40
"What is common-to-all exerts a claim upon freedom; freedom depends upon what is common-to-all for its meaning (freedom would otherwise be alienation)."

서양 고전 건축이 보여준 보편성과 소통방식

언어는 사람들 사이 의견을 조율하고 소통하는 매체면서 동시에 사회 구조의 일부분 혹은 그 자체라고 볼 수 있다. 그리고 인류의 문화가 발전해 감에 따라 서양을 중심으로 건축은 물리적 구축 혹은 건설을 넘어 다양한 의미를 갖기 시작했는데 특히 르네상스 시대부터 건축을 사회·정치적 의미를 소통하는 '언어'처럼 여기는 이론과 저서들이 등장했다. 그 결과 건축은 사회·정치적으로도 중요한 학문으로 자리 잡게 된다.

건축을 언어처럼 여길 수 있게 한 핵심은 비트루비우스가 정리한 기둥 양식order이다. 이 기둥들은 건축을 구성하는 단어 같은 존재로 그 의미가 명확히 소통되었다. 예를 들어, 도리스식 기둥Doric order은 남성성을 상징하기 때문에 장식이 가장 적고 단순하며 건물의 하부에 위치해야 한다. 반대로 이오니아식 기둥Ionic order은 여성성을 상징하며 화려한 장식이 있고 건물의 상부에 위치해야 한다. 이렇듯 고전건축 요소들은 명확한 상징체계 안에서 존재했기에 그 문법 또한 절대적이었다. 그리고 이런 절대성은 고전건축 요소들이 문자나 언어처럼 항상 일관된 논리에 따라 보편적으로 사용될 수 있음을 뜻한다. 고전 건축의 디자인은 이런 보편적인 문법을 따라야 했지만 건축가들은 건축 요소들을 이 보편적 문법의 테두리 안에서 능수능란하게 조작하여 보편성과 새로움을 동시에 확보할 수 있었다.

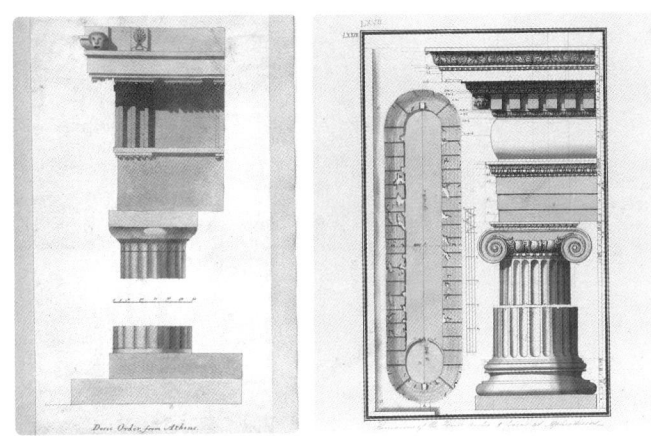

그림7 도리스식 기둥(좌)와 이오니아식 기둥(우) 비교

그림8 서양 고전건축 기둥양식 종류들

그림9 도리스식 기둥과 이오니아식 기둥의 요소 비교. 도리스식은 복잡한 엔타블래쳐와 단순한 기둥을, 이오니아식은 단순한 엔타블래쳐와 복잡한 기둥 디자인으로 되어 있다.

그림10 성베드로 성당 주랑 디자인에서 이탈리아 건축가 베르니니는 의도적으로 디테일이 단순한 토스카나식 기둥과 이오니아식 엔타블래쳐를 혼합하여 시공성을 높였다. 고전건축의 문법은 보편적이고 일관된 논리를 갖고 있었기에 베르니니는 이런 '의도된 실수'를 만들 수 있었다.

현대 건축의 보편적 언어는?

유형type

건축가들이 디자인에 사용하는 기본 재료인 '유형'은 사회적 의미를 내포하고 있는 형태구조이다. 건축가가 어떤 유형을 선택하거나 거부할 때, 건축가는 단순히 시각적인 형태로 이를 분별하는 것이 아니다. 유형의 선택 기준은 건축가가 해당 사회를 바라보는 가치관에 따라 달라진다. 그러므로 유형을 사용한다는 것은 건축가가 사회와 소통하는 방식이다 …… '유형'은 사회와 소통할 수 있고, 더 나아가 역사와 창작행위를 연결해준다.[21]
라파엘 모네오(Rafael Moneo, 1937~)

앞에서 살펴본 바와 같이 고전 건축은 비트루비우스의 '기둥 양식order'이라는 절대적 언어를 갖고 있었기에, 언어와 같은 보편성이 있었다. 하지만 19세기부터 점차 사회가 복잡해지고 '경제'라는 개념이 사회의 모든 것을 아우르는 개념으로 떠오름에 따라 비트루비우스의 고전 건축 언어는 장애물로 여겨지기 시작했다. 이와 동시에 새로운 부르주아 사회에 맞는 건축 논리와 언어를 찾기 위한 노력이 시작되었는데, 이런 배경에서 나온 개념 중 하나가 '유형type'이다. 유형의 어원은 그리스어 Typos와 라틴어 Typus 두 가지가 있는데 Typos는 모체matrix, 형틀mould, 원형original form 등을 뜻하고, Typus는 도형figure, 이미지image, 형태form, 종류kind 등을 뜻한다. 이 의미들을 종합해서 생각하자면 유형은 '물리적인 형태'이고 여러 형태가 포함될 수 있는 카테고리나 원형으로 볼 수 있다. 쉽게 말해, 유형은 어떤 현상이나 사물들의 공통적 혹은 보편적 성질 자체이거나 그런 성질로 분류하는 행위를 말한다. 그렇다면 건축에서는 유형이 어떻게 받아들여질까? 우선 가장 흔한 방식은 건물의 용도에 따라 분류하는 것으로 병원 건축, 학교 건축, 종교 건축 등이 그 예이다. 하지만 엄밀히 따지면 이는 유형이 아니라 우리가 편하게 부르기 위한 '명명법'이다. 유형은 어원에서 볼 수 있듯이 기능이 아닌 형태 개념이기 때문에 오히려 'ㅁ'자 한옥, 'ㄱ'자 한옥, '중정형 주택' 등이 유형에 더 적합한 개념들이다. 이탈리아 건축가 알도 로시가 『도시의 건축Architecture of the City』에서 강조한 것처럼 역사적으로 한 건물의 형태는 그대로 유지되면서 여러 기능을 담을 수 있다. 예를 들자면, 옛 경기고등학교 건물은 정독 도서관으로 사용되고, 성수동의 공장 건물은 멋진 카페로 변신했다. 즉, 건축에서 형태는 기능보다 더 영속성permanence을 가진 보편적·핵심적인 가치라 볼 수 있고, 언어가 문자를 통해 소통되듯이 건축가의 의도는 형태를 통해 소통된다. 이러한 형태의 영속성은 '유형'을 보편적 건축의 핵심 개념으로 여겨지게 하는 중요한 포인트다.

유형이 보편적 건축의 핵심 개념인 또 다른 이유는 유형이 품고 있는 정보 자체에 있다. 과거부터 반복적으로 나타난 특정 형태구조 중 일부만 우리에게 유형으로 받아들여지는데, 이는 어떤 형태구조가 '유형'으로 받아들여지는 이유 또한 중요하기 때문이다. 예를 들어, 우리나라에 수많은 주택 양식들이 존재했지만, 우리에게 유형화되어있는 것은 아파트, 빌라 등 몇 종류밖에 없다. 왜냐하면, 아파트나 빌라는 단순한 '형태구조'나 '집'의

한 종류가 아니라 우리나라 사회에서 다양한 경제·문화적 의미를 가진 지식 체계이기 때문이다. 즉, 유형은 지식과 형태구조가 일치화된 복합적인 개념으로, 한 유형이 가진 역사를 그 형태구조로부터 분리한다면 그 유형은 그냥 그림이 될 뿐이다.[22] 그렇기 때문에 "유형은 재현될 수 없다.Type is not representable."라고 라파엘 모네오는 말한 것이다. 결과적으로 유형은 다이어그램 같은 디자인 도구가 아니라 해당 문화의 역사와 경험이 녹아 있는 포괄적이고 복합적인 정보 체계이며, 이런 포괄성과 복합성은 유형을 보편적인 건축의 핵심 요소로 만들어준다.

　마지막으로 유형이 보편적일 수밖에 없는 또 하나의 이유는 '유형'이 만들어지는 방식 자체에 있다. 어떤 사물, 건물, 현상 등이 사람들에게 유형으로 받아들여진다는 것은 그 일이 반복적으로 나타나고 우리에게 익숙한 '뉴노멀'이 되었다는 것이다. 예를 들어, 코로나 이전 시대에 마스크를 쓰는 사람을 보면 우리는 '미세먼지'를 피하기 위함이라는 경험과 우리나라의 특수한 상황을 적용해서 유형화했다. 하지만 코로나 시국에 마스크를 쓴 사람은 평범한 '시민 유형'으로 받아들여졌다. 이렇듯 유형이 된다는 것은 어떤 현상이 만연하게 퍼져있다는 것을 전제조건으로 갖는 것이기에 보편적이지 않은 것은 유형이 될 수 없다. 유형과 보편성은 이렇듯 근본적으로 떼려야 뗄 수 없는 관계이고 이런 관계는 건축가의 디자인 과정에 항상 유효한 출발점을 제공해준다.

예시 example

건축가로서 난 개인적인 습관과 취향에 따른 디자인을 하기보다 신중하게 선택된 과거 예시를 디자인의 가이드로 삼고 싶다 …… 건축가는 관습을 존중하면서 동시에 …… 관습을 관습에 얽매이지 않은 방식으로 사용할 줄 알아야 한다.[23]

로버트 벤투리

건축 디자인은 사례를 빌리는 수준을 어떻게 조절할지, 또 나의 아이디어가 진정으로 새로운 것인지, 과거의 기억이 무의식중에 발현되는 것은 아닌지에 대한 지속적인 의구심 속에서 창작활동이 이어져 나가기 때문에 역사에서 발견하는 과거 사례들과 현재의 경험이 만드는 긴장 관계의 연속이라고 볼 수 있다. 그리고 '태양 아래 새로운 것은 없다'는 말처럼 우리는 알게 모르게 여러 가지 예시들을 사용하고 있기에 예시를 적극적으로 사용하는 방법론은 건축 디자인을 역사성에 기댈 수 있게 해주는 좋은 틀 framework이며 건축가의 디자인 과정에 권위와 타당성을 부여해 준다.

    예시는 특정 지식을 아주 명확하고 오해의 소지가 없게 설명하기 위해 사용하기 때문에 유형과 다르게 포괄적general이기보다 구체적specific이고 개인 해석의 여지가 거의 존재하지 않는다. 모호하게 해석의 여지를 열어 두려고 예시를 사용하는 사람은 없을 것이다 또 실제로 존재하며 그 가치와 기능이 이미 증명된 예시들을 통해 구체성을 부여해 나가는 방법론은 다소 추상적일 수 있는 유형의 포괄성을 상호보완할 수 있는 효과적인 프로세스이다. 유형과 예시의 상보성을 활용하는 이런 방법론은 모든 면에서 좋다고 말할 수 없지만, 적어도 항상 역사와 관습을 존중하는 태도를 전제로 하므로 보편적인 소통의 틀을 구축할 수 있는 건축 디자인의 보편적 논리라고 생각한다.

21 Moneo, "On Typology", Oppositions 13, 1978, p.37
"The types – the materials with which the architect works – are seen to be colored by ideology and assume meaning within the structural framework in which architecture is produced. In accepting a type, or in rejecting it, the architect is thus entering into the realm of communication in which the life of the individual man is involved with that of society …… If a work of architecture needs the type to establish a path for its communication – to avoid the gap between the past, the moment of creation, and the world in which the architecture is ultimately placed – then types must be the starting point of the design process."
22 Vidler, "Third Typology", Oppositions Reader 1973-1984, p.15
23 Venturi, "Complexity and Contradiction in Architecture", p.42
"As an architect I try to be guided not by habit but by a conscious sense of the past – by precedent, thoughtfully considered… An architect should use convention and make it vivid. I mean he should use convention unconventionally."

3장
건축을 보편적으로 표현할 수 있는 도구:
형태와 도면

형태의 어원

건축의 핵심은 작가의 의도, 기능, 구조, 기술에 '형태'를 부여하는 일이다.[24]

피터 아이젠만

앞서 이야기한 내용은 꼭 건축에 국한된 것이라기보다 유형과 예시를 사용하는 모든 창작과 디자인 활동에 적용될 수 있는 기본적인 사고방식에 관한 이야기였다. 지금부터는 보편성이라는 가치를 건축이라는 학문에서 어떻게 읽어낼 수 있는지에 대해 좀 더 자세히 알아보려 한다. 우선 내가 어떤 건물을 보편적인 건축의 좋은 사례로서 설명한다고 가정해보자. 그렇다면 그 이유를 객관적인 매체를 통해 설명해야 다른 사람들을 설득하기 쉬운 것은 너무나 당연한 사실이다. 그리고 건축에서 '형태'는 소통을 위한 객관적인 매체로 가장 적절한 개념이다. 형태 이외에도 건축을 읽을 수 있는 다양한 매체들은 존재한다. 일례로 사람들은 '재료', '시공의 완성도', '공간감', '경제성' 등 여러 기준으로 건축의 가치를 평가한다. 이 모든 개념은 다 건축에서 매우 중요한 위치를 차지한다. 하지만 이들 모두 건축적 가치를 객관적으로 소통하는 매체로서 항상 유효하다고 보기 힘들다. '재료'와 '시공의 완성도' 같은 경우 건축가 개인의 능력과 가치관도 중요하지만 '예산'에 좌우되는 경우가 많다. 특히, 시공 완성도는 클라이언트가 실력 있는 시공사를 고용할 여력이 없다면, 아무리 건축가가 신경을 잘 써도 완성도에 아쉬운 점이 생기기 마련이다. 마지막으로 '공간'이 건축의 가치를 객관적으로 소통할 매체가 아니라는 점에서 논란의 여지가 매우 클 수 있다. 하지만 '공간'이라는 것은 어찌 보면 무형의 것이기 때문에 누구나 동의할 수 있도록 수량화가 불가능하다. 그리고 수량화가 불가능하다는 것은 명확한 분석의 대상이 되기 어렵다는 것을 뜻하기 때문에 '공간'은 소통을 위한 객관적 매체로 적절치 않다. 또 공간에 대한 나의 가치판단은 그 당시 나의 경험에 따라 달라질 수 있는 위험이 크다. 누군가는 아픈 기억 때문에 어떤 공간을 싫어하고 다른 사람은 좋은 추억 때문에 그 공간을 좋아하는 경우를 흔히 볼 수 있다. 하지만 눈에 명확히 보이고 수량화·수치화 measurable가 가능한 '형태'는 모두에게 똑같이 느껴지는 물리적 실체이다. 그러므로 '형태'는 보편적인 건축의 가치를 소통하고 분석할 '객관적인' 매체로서 매우 적합하다.

이렇게 말하면 건축의 다양한 가치를 지나치게 단순화하는 것이라 느낄 수 있다. 하지만 형태 Form의 또 다른 가치는 그 어원에서 찾을 수 있다. 라틴어 'Forma'에서 출발한 form의 어원은 그리스어에서 각기 다른 뜻을 의미하는 에이도스 Eidos와 모페 Morphe로 나뉘진다. Eidos는 '개념적인' 형태로 '아이디어 idea'의 어원이 되지만, Morphe는 '시각적인' 형태/모양을 뜻한다.[25] 쉽게 말해, Eidos는 형태 뒤에 있는 '개념'과 '생각'에 더 중점을 두고, Morphe는 우리 눈에 보이는 물리적 모습 자체에 더 중점을 둔다고 볼 수 있다. 형태라는 단어의 어원이 갖는 이 차이점은 눈에 보이는 것을 인간 경험의 중심에 두는 태도와 눈에 보이는 현상 뒤 원리와 논리에 더 중점을 두는 태도 사이 긴장 관계를 그대로 보여준다. 그리고 결과물과 아이디어 중 어느 하나가 더 우월한 것이 아니라, 건축가의 논리와 의도를 눈에 보이는 형태로 보여주는 그 과정 자체가 중요하기 때문에 보편적인 건축의 핵심은 이 긴장 관계 자체에 있다. 즉, '형태'는 단순히 건물을 수치화하여 객관적인 틀로 옮기는 역할만 하는 것이 아니라, 디자인의 원리와 논리를 파악하고 재현하는 행위 또한 포함한다. 형태의 이런 복합적인 가치는 건축을 객관적·보편적으로 소통하는 데에 핵심적인 역할을 한다.

---

24 Eisenman, "Formal Basis of Modern Architecture", p.33
"*Architecture is in essence the giving of form (itself an element) to intent, function, structure and technics. Thus form is raised to a position of primacy in the hierarchy of elements.*"
25 Aureli, "The Possibility of Absolute Architecture", p.30

형태의 기록: 도면

형태와 비례에 대한 우리의 관찰로부터 한 가지 결론을 내릴 수 있다. 그 원리가 아무리 논리적이고 합리적일지라도 …… 명확한 매체를 통해 형태와 비례가 표현되지 않는다면 우리는 그 진정한 가치를 이해할 수 없다. 우리의 눈이 정확하게 형태를 분석하려면 '수평 투영 방식'을 사용해야 한다.[26]
장 니콜라 루이 뒤랑(Jean-Nicolas-Louis Durand, 1760~1834)

우리는 건축을 표현하고 분석할 수 있는 '보편적 매체'에 대해 알아보고 있고, '형태'가 왜 이에 적합한지 앞서 설명하였다. 형태가 언어라면 그것을 기록할 문자가 필요하며 그 문자는 당연히 범용적으로 사용되어야 한다. 프랑스 건축가이자 교육자 뒤랑의 인용문은 형태를 기록하는 문제에 대한 고민을 정확히 보여주면서, 동시에 가장 좋은 기록 방식을 제시하고 있다. 그렇다면 그가 말하는 '수평 투영 방식'이 왜 가장 정확하게 형태를 표현하는 방식일까?

우선 투시도와 비교를 해보자. 투시가 발명된 이유는 '눈에 보이는 그대로' 그림을 그리기 위함이었다. 하지만 투시도는 소실점으로부터 거리에 따라 사물의 실체가 더 길어 보이거나 더 짧아 보이는 등 왜곡이 생긴다. 그러므로 투시도를 통해 본 사물은 시점의 위치에 따라 그 기록이 천차만별일 수밖에 없다. 하지만 수평 투영 방식은 그 축적에 따라 항상 동일한 형태의 기록을 얻을 수 있다. 역설적이게도, 현실에서는 절대 존재할 수 없는 시점

그림11 투시도의 원리를 보여주는 그림

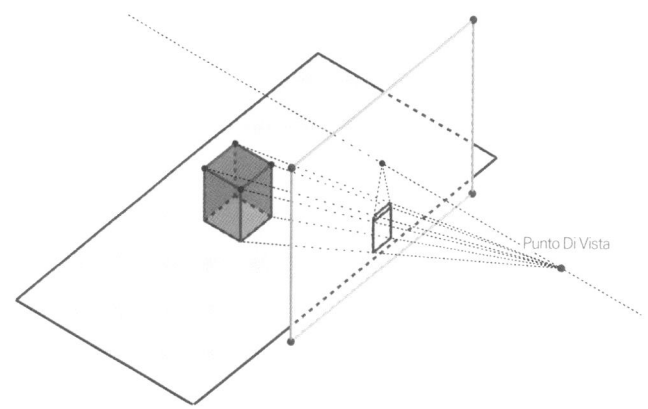

그림12 투시도의 원리를 보여주는 그림

이지만 다른 사람들과 소통하고 협업을 하기에 가장 적절하고 왜곡이 전혀 없는 작도법이기 때문에 건축에서 가장 중요한 정보는 수평 투영 방식의 '도면'으로 그려지는 것이다.

가장 중요한 도면: 평면도

도면에는 건물의 각층 전체 배치를 보여주는 평면도plan, 건물을 수직으로 잘라 공간의 적층 방식을 보여주는 단면도section,

그리고 건물의 외피를 보여주는 입면도elevation 등이 있다. 모든 도면이 각각 중요한 역할이 있지만 '평면은 생성자이다Plan is the generator'라는 르코르뷔지에[27]의 말처럼, 평면은 건축에서 다른 도면들보다 더 중요한 가치를 갖고 있다. 그 이유는 무엇일까?

평면에 대한 개념과 정의에 대한 이론은 비트루비우스까지 거슬러 올라간다. 그는 건물을 표현하는 세 가지 방식 중 하나로 '이크노그래피ichnography'를 소개하는데, 이는 '발자국'을 뜻하는 ichnos와 '그림'을 뜻하는 graphe가 만나서 생긴 단어로 건물의 자취를 기록한 평면도를 뜻한다. 건물의 '자취footprint', '흔적trace'이라는 뜻의 어원에서 느껴지듯이 평면도는 건물의 물리적 구축 여부에 상관없이, 건축가 머릿속에 있는 그 건물에 대한 '구상conception' 자체를 암시한다고 볼 수 있다.[28] 인간은 결국 땅 위로 걸어다니기 때문에 건물의 수평적 구성뿐 아니라 건축가의 의도를 가장 효과적으로 보여주는 도면은 평면도일 수밖에 없다.

역사에 기록된 최초의 평면은 신석기 시대인 나투프 문화까지 올라간다. 흥미로운 점은 인류가 처음으로 농경 생활을 시작하는 시점과 최초의 평면이 발견된 시기가 겹친다는 것이다.[29] 농경 생활은 인간이 최초로 일정한 곳에 정착하면서 공동체를 이루기 시작했다는 것을 의미한다. 그러면서 자연스럽게 규칙적인 생활양식이 생겼고, 사람들은 이에 맞는 공간을 계획할 필요를 느끼기 시작했다. 계획과 평면도 모두 영어로 'plan'이라고 표기하는 것에서 예상할 수 있듯이, 평면도는 인간이 무언가를 계획하고 우리 삶의 양식을 물리적인 구조로 치환하는 행위와 맞닿아 있다고 볼 수 있다. 정리하자면 우리는 평면을 통해 삶의 방식을 계획하고, 역으로 평면은 생활 방식에 물리적 틀을 제공하는 근본적인 매체이다. 이런 맥락에서 '중앙집중형', '편복도형', 'ㄱ'자 형 등 평면에서 보이는 형태구조를 유형으로 명명하는 것은 우연이 아닐 것이다.

예시적 접근법 또한 평면을 중심으로 그 개념을 구축한 사례가 많다. 르네상스 후기 이탈리아 건축가 피라네시Giambattista Piranesi, 1720~1778의 캄포 마르지오Campo Marzio나 영국 건축가이자 이론가 콜린 로우Colin Rowe, 1920~1999의 콜라주 시티Collage City 등은 그들이 생각하는 도시와 건축의 가치를 평면을 통해 드러냈다. 그림13은 피라네시의 캄포 마르지오 계획으로 시공을 위한 도면이 아니라 그의 도시 개념을 보여주기 위한 허구의 도면이다. 그에게 로마는 중요한 유적들을 중심으로 계획되어야 했으며 기능적인 것들은 부차적인 문제였기 때문에 수백, 수천 년의 시간을 압축해 놓은 이 평면도는 그가 로마라는 역사적인 도시를 재건시키는데 필요하다고 생각한 논리와 방법론을 정확히 보여준다. 현대 도시계획에서 흔히 사용하는 방식인 기능별 조닝zoning과는 확연히 다른 접근법으로 도시를 역사 유적들의 유기적인 조합으로 보며, 이런 아이디어를 캄포 마르지오라는 시적인poetic 평면 한 장으로 명확하게 재현했다. 한눈에 계획의 전체 구성을 보여주는 평면의 포괄성이 없었다면 이런 아이디어를 효과적으로 소통하기 어려웠을 것이고, 실존하는 유적을 예시로 사용하지 않았다면 건축가 의도를 명확히 소통할 수 없었을 것이다.

지금까지 살펴본 바와 같이 평면은 단순히 건물의 한 층을 수

평으로 잘라 보여주는 그림이 아니다. 오히려 인간이 어떤 일을 '계획'하는 구상과 이를 물리적 형태로 치환하는 과정 자체를 표현하는 개념이므로 평면은 건축이라는 학문에서 건축가의 의도를 효과적·객관적으로 보여주는 소통 수단이다.

26 Durand, "Precis of the Lectures on Architecture: With, Graphic Portion of the Lectures on Architecture", p.138
27 샤를에두아르 잔느레그리(Charles-Edouard Jeanneret-Gris) 또는 르코르뷔지에(Le Corbusier, 1887~1965)는 건축가이며 도시계획가였고, 화가, 조각가 그리고 가구 디자이너였다. 50여 년 동안 활동하면서 유럽, 인도, 러시아, 아메리카에 건축물을 만들었다. 현대 건축의 기초를 다졌다고 평가되며, 현대적인 고밀도 주거환경을 제안했다.
28 Celedon, Footprints, p.70
"From ichnos (footprint) and graphe (writing and drawing), ichnography refers to the imprint, whether drawn or written, of a work: a plan. Evoking the idea of vestige or trace, ichnos suggests that the plan represents the building's being, that is, the idea from which is originated."
29 Aureli, "Life, Abstracted: Notes on the Floor Plan", p.3

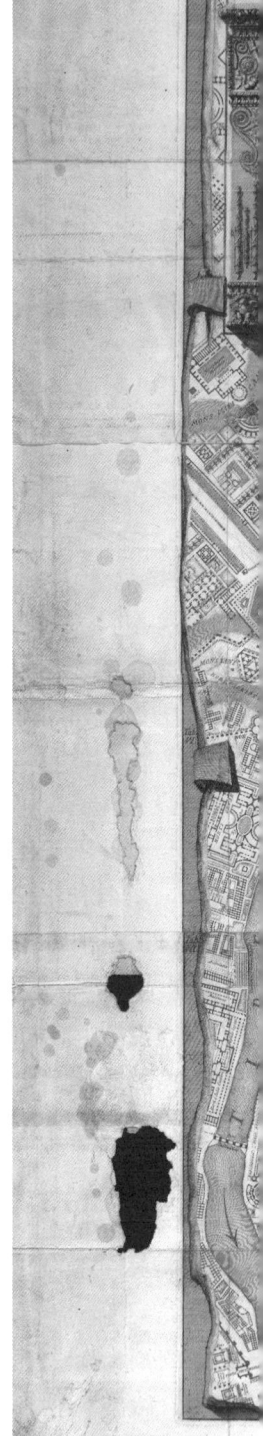

그림13 피라네시의 〈캄포 마르지오〉. 로마 유적들의 조합으로 도시를 이루고 있다.

4장
유형이란?

분류학에서 유형학까지

지금까지는 이 책을 구성하는 세 가지 주제—1. 내가 보편적인 건축을 추구하는 이유 2. 보편적인 건축에 가장 적합한 건축 개념인 '유형'과 '예시' 3. 유형과 예시를 객관적으로 표현하고 분석할 매체인 '형태'와 '도면'—에 대한 간략한 정리 및 소개였다면, 지금부터는 본격적으로 '유형'과 '예시'의 건축적 가치에 대해 알아볼 것이다.

우선 유형이라는 개념이 나오게 된 역사적 배경부터 파악해 보자. 인쇄술이 발명된 후 몇 세기가 지난 17세기 중반부터 비트루비우스의 고전 건축 언어에 대한 의구심이 생기기 시작했다. 그 이유는 절대적이라고 생각했던 고전건축의 비례 체계가 너무나도 다양해서였다. 현재 루브르 박물관 일부를 계획한 것으로 유명한 프랑스 건축가·교육자 클로드 페로Claude Perrault, 1613~1688는 그의 책 『오르도낭스Ordonnance, 1683』[30] 에서 고전 건축의 비례 체계가 문화, 지역, 상황에 따라 시각적으로 변형된 사례들을 보여주며 고전 건축에 대한 의구심을 확신으로 만들어주었다. 이를 통해 페로는 선험적이고 절대적인 '미' 개념은 존재할 수 없으며 오히려 아름다움은 관습과 문화에 따라 달라지는 상대적인 개념이라 설명한다.[31] 지금 생각하면 당연한 말이지만 그 당시 '아름다움'은 '신'과 '자연'의 절대적 원리principle를 시각화시킨 것이라 믿었기 때문에 그의 이 같은 주장은 매우 파격적인 것이었다.

앞에서 말한 고전 건축의 위기와 맞물려 17, 18세기 유럽은 자연과학과 계몽주의 사상이 꽃 피우고 있었고, 이 흐름은 지식을 대하는 전반적인 태도에 변화를 가져왔다. 그 결과 종교같이 초월적 존재에 의지하는 절대적 지식은 사람들의 마음속에서 점차 그 신뢰를 잃었고, 경험적 분석에 근거한 논리 및 사실관계가 이를 대체하기 시작했다. 다시 말해, 현재 우리가 흔히 말하는 '과학적'이고 '논리적'인 사고방식이 본격적으로 보편화하기 시작한 것이 이때부터라 볼 수 있다. 이런 변화를 대표하는 현상 중 하나가 바로 '분류학Taxonomy'의 등장인데 분류학은 세상의 모든 지식과 사물을 과학적으로 기록하기 위한 첫걸음인 백과사전 편찬에 필수적인 학문이었다. 어떤 현상을 분류하기 위해 가장 먼저 해야 할 일이 무엇일까? 바로 각기 다른 사물의 핵심 특징을 파악하는 것이다. 예를 들어, '포유류', '파충류', '조류' 등 생물에 대한 분류는 해당 '종species'만이 가진 행동 양식이나 외형을 먼저 파악해야 가능한데 여기서 주목할 부분은 '종'을 뜻하는 영어 단어 Species의 어원인 'specio'가 라틴어로 '바라보다'라는 뜻이라는 점이다. 쉽게 말해, 어떤 사물이나 현상의 핵심을 파악하고 분류한다는 것은 기본적으로 그 시각성에 기초하며 형태 및 모양이 대상의 핵심 정보에서 분리될 수 없다는 것을 의미한다.[32] 그리고 건축에서 분류학은 과거 예시들을 핵심 형태나 기능에 따라 나누는 행위로 받아들여졌으며, 이렇게 분류된 수많은 '예시'들은 합리적 건축 디자인의 기초 재료 및 자료가 되었다.

프랑스 건축가 오귀스탱 샤를 다빌레르Augustin-Charles d'Aviler의 책 『Cours』[33]는 이런 변화를 전형적으로 보여주는 저서로 이 책에서 그는 과거 사례들의 형태를 분석하고 이를 적절히 조합하는 것그림14이 새로운 사회에서 건축이 필요로 하는 합리적 디자인 방법론이라 주장한다.[34] 하지만 약 30년 뒤 이런 접근법에 대한 비판이 생기기 시작했는데 과학적, 경험적 분석에 기초한 합리주의는 건축을 포함한 예술 분야의 창작활동을 과거 사례의 모양과 형태들의 기계적 조합으로 단순화시킨다는 것이 그 주된 내용이었다. 이런 비판의 연장선에서 또 다른 프랑스 건축가 피에르 나티벨레Pierre Nativelle, ?~1729는 합리주의적 접근법을 유지하면서 새로움을 창조하는 방식을 그의 저서 『Nouveau Traite d'architecture』1729에서 제시하는데, 고전 건축의 디자인 순서는 도리스식, 이오니아식 기둥 같은 작은 건축 요소를 먼저 선택하고 이를 '전체'에 적용해가는 상향식bottom-up이었기 때문에 사례들을 기계적으로 조합하는 방식에 더 취약했다고 한다. 하지만 사례들의 조합에서 벗어난 새로움을 창조하려면 건물들의 전체적인 구성을 먼저 분석하고 작은 요소들은 다음에 디자인하는 하향식top-down이 더 적합하다고 그는 말한다.[35] 이 주장의 핵심은 사례들이 주는 세세한 시각 정보에 얽매이지 말고 건물의 전체적인 구성 및 공간구조에 더 관심을 두라는 말인데, 어떤 면에서 추상적 접근법으로 볼 수 있는 이러한 사고방식은 합리주의 속 창작활동을 사례의 기계적 조합에서 벗어날 수 있게 해주었으며, 이 변화는 자연스럽게 많은 창작활동에 큰 영향을 주어 건축에서만큼은 눈에 직접 보이는 겉모습만을 분류를 위한 핵심 특징으로 사용하지 않게 되었다. 이 '보이는 것'과 '보이지 않는 것' 사이의 길고 긴 긴장 관계에 프랑스 교육자이자 예술사가인 카트르메르 드 캉시가 '유형'이란 개념을 제시하면서 비로소 마침표를 찍게 된다. 다음 장부터는 카트르메르 드 캉시를 시작으로 건축에서 '유형'이란 개념이 어떻게 변해갔는지 몇몇 작가들을 중심으로 살펴볼 것이다.

---

30 원제는 "Ordonnance of the Five Kinds of Columns after the Method of Ancients"이다.
31 Perrault, "Ordonnance des cinq especes de colonnes selon la method des anciens "(1683). 영어 번역: 'Preface', in Ordonnance, trans. by McEwen, with introduction by Alberto Perez-Gomez (1993), p.52
32 Celedon, The Plan as Eidos, p.3
33 원제, d'Aviler, "Cours d'architecture qui comprend les ordres de Vignole", 1691
34 Jacoby, "The Reasoning of Architecture", p.37
35 Jacoby, "The Reasoning of Architecture", p.37

그림14 다빌레르의 『Cours』에서 나오는 사례의 조합법

유형은 선험적이고 절대적이다_
카트르메르 드 캉시

카트르메르 드 캉시에게 '유형'은 모방하거나 차용을 하기 위한 이미지가 아니라, 창작의 원리로 작동할 수 있는 아이디어 그 자체이다.[36]
크리스토퍼 C. M. 리(Christopher C. M. Lee)

분류학이 지나치게 '시각성visibility'에 의존하는 점을 해결할 새로운 분류체계를 고민하는 과정에서 카트르메르 드 캉시는 자연스럽게 예술과 건축의 기원이 무엇인지 질문하기 시작했다. 그도 그럴 것이 무언가를 분류하려면 핵심을 파악해야 하고, 핵심을 파악하려면 기원을 알아야 하기 때문이다. 흔히 전통 예술과 건축의 기원은 자연이며 이를 모방하는 것이 아름다움을 성취하는 것으로 생각했지만, 그는 이 '모방'이란 개념을 합리주의적 분석을 추구하는 새로운 시대에 맞게 다시 정의했다. 그에게 '모방'은 이미 정해져 있는 자연의 '이미지'나 '원리'를 재현하는 행위가 아니라, 자연을 해당 사회와 문화에서 받아들일 수 있게 보편화·일반화하는 과정이었다.[37] 이 말은 '아름다움'은 비례 같은 시각적 원리로 이미 결정된 것이 아니라 어떤 현상 및 사물에서 보편적인 원리를 분석해내는 과정에 따른 상대적인 개념이라고 해석할 수 있기 때문에 고전적인 미학 개념과 아주 흥미로운 차이점을 보여준다. 이와 비슷하게, 영국 화가 조슈아 레이놀즈 Joshua Reynolds, 1723~1792는 '개별성individuality'을 지양하고, '일반화generalization'하는 것이 보편적인 진실과 아름다움에 접근하는 방법이라고 말했다.[38] 그리고 카트르메르 드 캉시에게 유형은 위에서 말한 보편적인 원리를 분석하는 과정이자 보편성 그 자체였기에 예술의 기원인 아름다움과도 맞닿아 있는 개념이었다. 그는 이렇게 말한다. "항상 획기적인 것을 원하는 우리의 본성에도 불구하고, 그 누가 부드러운 곡선 대신 각진 얼굴 유형을 원하겠는가? 또 그 누가 의자의 유형은 인간의 등 모양에서 나와야 한다는 것에 의문을 제기하겠는가?"[39] 쉽게 말해, 카트르메르 드 캉시에게 유형은 과거로부터 내려오던 보편적 행동 양식과 깊은 연관을 갖고 있으며, '건축'이 존재하기 전부터 인간의 사고방식에 내재된 선험적 개념이었다.[40] 그렇다면 유형은 어떤 사물에 대한 '첫 인식' 즉, 보편적 원리를 의미한다고 볼 수 있다.

정리하자면, 18세기 말 유럽은 프랑스혁명과 부르주아 계급의 성장으로 정치·경제적 환경이 급변하고 있었고, 그로 인해 점점 더 근대적인 사고방식이 요구되고 또 발달하고 있었다. 이런 사회적 변화는 건축에도 영향을 미쳐 비트루비우스부터 내려오던 고전 건축 언어가 무너지고 있었고 카트르메르 드 캉시는 예술과 건축 또한 새로운 사회에 맞게 변해야 한다고 생각하였다. 이 과정에서 그는 자연스럽게 예술의 기원인 '모방'과 '아름다움'을 재정의해야 했으며 그의 결론은 전 단락에서 살펴본 바와 같이 '보편화·일반화'하는 사고방식 자체가 예술과 건축의 기원인 아름다움에 가깝다는 것이었다. 이를 통해 시각적으로 미리 결정된 비례나 자연의 원리가 아름다운 것이 아니라 각 사회 및 문화마다 유연하게 변할 수 있는 합리적인 것이 아름다운 것이라 사람들은 생각하게 되었다. 그리고 카트르메르 드 캉시에게 '유형'은 이를 가장 잘 표현하면서도 건축물을 분류할 수 있는 개념이었다.

보편적인 것을 상징하는 '유형'은 이상적인 것과 현실적인 것, 디자인 논리의 '포괄성'과 디자인 결과물의 '개별성'을 종합한다.[41]
카트르메르 드 캉시

---

36 C.M.Lee, "Type", http://thecityasaproject.org/2011/08/type/
"For Quatremere de Quincy, the word 'type' presents less the images of a thing to copy or imitate completely than the idea of an element which ought itself to serve as a rule for the model."
37 Jacoby, "Reasoning of Architecture", p.80
38 재인용 Ibid., p.87
39 Quatremre de Quincy, "Dictionnaire Historique de l'Architecture" (Paris, 1832), p.630
"In spite of the industrious spirit which looks for innovation in objects, who does not prefer the circular form to the polygonal for a human face? Who does not believe that the shape of a man's back must provide the type of the back of a chair?"
40 Moneo, "On Typology", p.28, OPPOSITIONS 13, 1978
41 Quatremere de Quincy, "Essay on Imitation", p.308
"Type, by embodying the common-to-all, the underlying deep structure and generative principle but also the particularity of its possible forms, synthesizes the ideal and the real, reconceptualizing and eventually re-materializing the real through the ideal by considering the external image of resemblance as an internal idea that is imitated."

유형은 그 시대의 표준이자 기준이다
_ 발터 그로피우스

18~19세기가 근대사회로 가는 변혁의 시기였다면, 20세기는 산업화와 함께 본격적으로 근대사회가 펼쳐지는 시기였다. 그 결과 과거의 것을 비판적으로 받아들이거나 거부하는 모더니즘이라는 사조가 유행하였고, 산업화와 대량생산, 기계로 대표되는 근대의 새로운 미학을 찾기 시작했다. 프랑스 건축가 르코르뷔지에가 그의 저서 『건축을 향하여Towards an Architecture』[42] 에서 그리스 신전과 포드 자동차 이미지를 병치시킨 페이지그림15는 이 변화를 가장 상징적으로 보여주는 장면이라고 볼 수 있다.

건축에서 모더니즘을 이야기할 때 빠질 수 없는 가장 중요한 기관이자 인물 중 하나는 독일의 바우하우스[43]와 그 초대 교장인 발터 그로피우스Walter Gropius, 1883~1969일 것이다. 그의 저서 『The New Architecture and the Bauhaus』에서 그는 과거와의 완전한 단절을 선언하면서, '유형'을 새롭게 정의한다. 카트르메르 드 캉시에게 유형은 역사 및 과거와 밀접한 관련이 있는 개념이었지만, 그로피우스에게 유형은 그 시대를 대표하는 '전형적인 것the typical'이었다.[44] 여기서 그로피우스가 말하는 전형적인 것은 그 시대상을 가장 잘 표현하는 '기준standard'이었기에, 그는 건축 또한 산업화의 결과물인 '상품'으로 취급했다.[45] 즉, 그에게 유형은 특정 형태구조가 아니라 한 사회상을 가장 효율적으로 보여주는 '이미지'이자 '생산방식'이었다.

요즘 유행하는 디지털·파라메트릭 건축 등이 그로피우스가

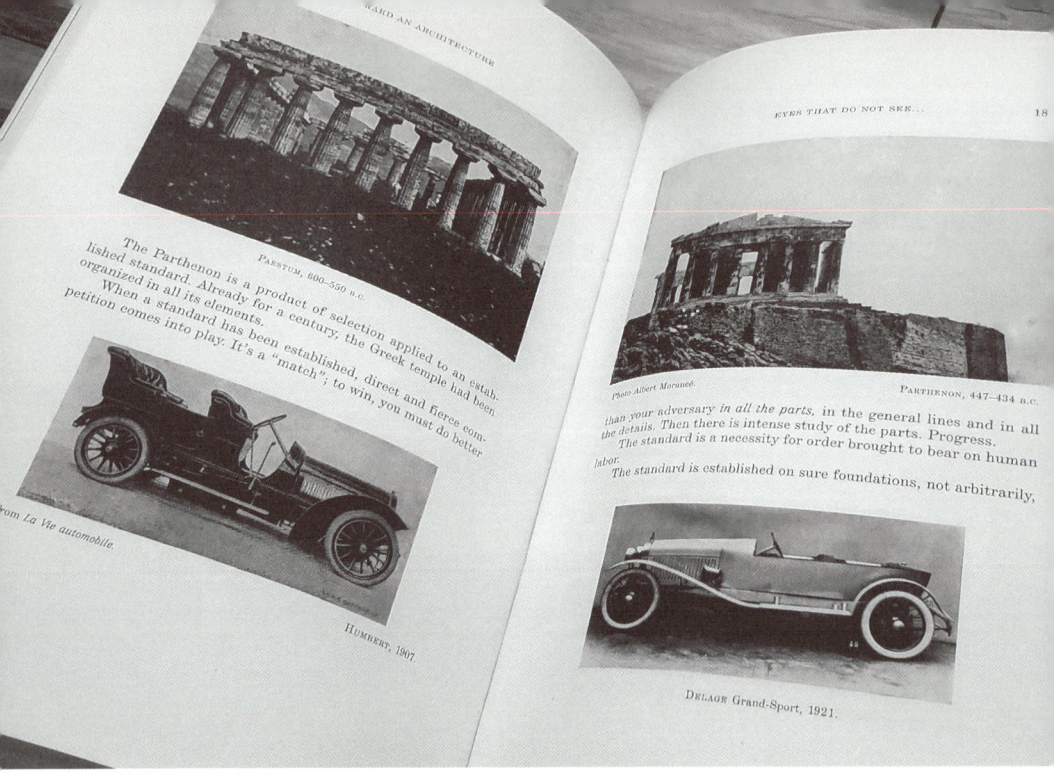

그림15 파르테논과 포드 자동차를 병치시키는 『건축을 향하여』의 페이지

말하는 새로운 시대와 기술을 보여주는 '유형'의 예시라고 볼 수 있다. 하지만 그로피우스의 유형은 그 한계가 명확하다. 그 시대에 맞는 새로운 기준을 제시하는 것은 항상 새로움을 유지해야 하는 강박관념에 빠지기 쉽고, 특정 형태와 기술은 1:1 관계가 아니기에 보편적으로 소통할 물리적 실체와 유형이 연결될 수 없기 때문이다. 이렇듯 형태구조와 연결될 수 없는 유형 그리고 시대마다 항상 변해야 하는 유형이라면 보편성을 위한 개념으로는 적합하다고 보기 힘들다.

---

42 르코르뷔지에의 대표작으로 그의 개혁적 사상이 열정적인 목소리로 고스란히 담겨있는 책이다. 엔지니어의 미학을 다루는 것에서 시작하는 이 책은 양식론에 치우쳤던 건축가들이 이제 기계시대의 조화를 이룩한 기술을 긍정적으로 받아들여야 한다고 말한다.
(출처: http://www.yes24.com/Product/Goods/274711)
43 바우하우스는 1919년부터 1933년까지 독일에서 설립·운영된 학교로, 미술과 공예, 사진, 건축 등과 관련된 종합적인 내용을 교육하였다. 발터 그로피우스가 설립하여 1933년 나치에 의해 강제로 폐쇄되었다. 바우하우스의 양식은 현대식 건축과 디자인에 큰 영향을 주게 되었다. 또한 이어지는 예술, 건축, 그래픽 디자인, 실내 디자인, 공업 디자인, 타이포그래피의 발전에 깊은 영향을 주었다. (출처: ko.wikipedia.org/wiki/바우하우스)
44 Jacoby, "The Reasoning of Architecture", p.12
45 Lathouri, "The City as a Project: Types, Typical Objects and Typologies", Architectural Design, no. 209, 2011, p.25

유형은 경험적인 것이다
_ 줄리오 카를로 아르간

유형은 보편적이기 때문에 건물의 디자인이나 형태에 직접적인 영향을 주지 못하며, 유형은 항상 여러 건물들을 비교하다 보면 탐지할 수 있는 공통분모라는 사실을 알 수 있다.[46]

줄리오 카를로 아르간(Giulio Carlo Argan, 1909~1992)

앞서 말한 바와 같이 그로피우스 등으로 대표되는 모더니즘은 과거 역사로부터 단절을 추구하였다. 하지만 1950년대 이후 이에 대한 반작용으로 자연스럽게 역사를 존중하고 과거 사례들을 적극적으로 사용하려는 건축 흐름이 생겨났다. 그로피우스가 '새로운 사회의 표준Standard'이라고 정의 내렸던 '유형'의 의미 또한 이런 흐름에 맞는 변화가 필요했는데, 이탈리아 예술 이론가 줄리오 카를로 아르간은 1963년 "On the Typology of Architecture"라는 짧은 기고문을 통해 '유형'의 새로운 의미를 제시한다.

이 글에서 아르간은 카트르메르 드 캉시의 유형에 대한 다음과 같은 질문을 던진다. "카트르메르 드 캉시에게 유형은 선험적이기에 어떤 사물에 대한 인간의 인식 그 자체라고 표현할 수 있다. 하지만 '유형'을 연결시킬 명확한 형태가 없었다면, 애당초 특정 '유형'을 어떻게 '유형'으로 정의할 수 있었을까?"[47] 아무리 유형이 선험적이며 사회적, 문화적 가치를 포함하는 복합적인 개념일지라도, 그 유형을 연결지을 물리적 형태가 없었다면 우리는 그 유형을 인지할 수조차 없다. 즉, 유형이 우리에게 인지된다는 것은 특정 문화권의 여러 건물들에게 공통으로 나타나는 한 형태구조가 있다는 것이다. 그러므로 아르간에게 유형은 선험적이고 절대적인 가치에서 생겨나는 것이 아니라, 여러 건물들을 비교·분석함으로써 '탐지detect'할 수 있는 경험적인 개념이다.

---

46 G. C. Argan, "On the Typology of Architecture", 「Architectural Design」, Dec. 1963, Joseph Rykwart 역
47 G. C. Argan, "On the Typology of Architecture", 「Architectural Design」, Dec. 1963, Joseph Rykwart 역 p.564

유형은 도시를 읽는 단위이다
_ 알도 로시

건축에서 유형학Typology은 도시와 건축에서 더는 생략이 불가능한 핵심 요소·단위인 유형을 연구하는 학문이다 …… 유형을 하나의 형태로 정의 내리는 것은 불가능하지만 모든 건축 형태는 특정 유형으로 추상화가 가능하기에, 유형은 '형태'를 논할 때 필수적이고 합리적인 개념이다. 이런 측면에서 건축을 보면, 건축의 역사는 곧 '유형의 역사'라고 볼 수 있다.[48]

알도 로시

지금까지 살펴본 '유형'은 건축물을 포괄적으로 분석할 수 있는 도구이거나 건축의 핵심 가치 그 자체였다. 하지만 이탈리아 건축가 알도 로시에게 유형은 건축과 도시를 종합적으로 읽을 수 있는 단위이자 그 둘의 연결고리였다. 이는 '도시는 큰 집과 비슷하고, 집은 작은 도시와 비슷하다'라는 르네상스 시대 이론가 레온 바티스타 알베르티의 논리와 일맥상통한다고 볼 수 있는데,[49] 로시가 도시라는 복잡하고 거대한 개념을 형태의 개별성 individuality이 필수적인 '건축'과 '유형'의 관점에서 읽은 이유는 그가 처한 배경에서 유추할 수 있다.

1·2차 대전 이후 유럽은 전쟁으로 피폐해진 도시를 복원하고 수많은 이재민을 수용할 주택 공급이 시급했다. 이에 국가 주도의 많은 도시계획이 이루어졌는데 이런 도시들은 기존 유럽의 전통 도시들과 큰 차이점이 있었다. 동서양을 막론하고 역사가

깊은 도시들은 그 물리적 환경·형태 자체가 역사와 삶의 기록이기에 도시의 '형태적 켜'와 '역사적 켜'가 일치한다. 하지만 전후 1950~60년대에 생긴 많은 계획도시는 이 두 켜가 분리되어 있었고, 바로 이 지점이 로시가 해결하고 싶은 부분이었다. 우리나라로 보자면 서울의 강남과 강북의 차이 정도로 볼 수 있다. 그리고 특정 문화 혹은 지역의 행동 양식과 역사를 담는 가장 보편적인 형태 및 건축 개념인 '유형'은 로시에게 건축과 도시 스케일을 넘나드는 합리적 분석 틀framework이자 디자인 단위였기 때문에 이 분리된 역사와 형태의 켜를 다시 종합적으로 묶을 수 있는 적절한 개념이었다.

정리하자면, 로시에게 '유형'은 건축가 개인의 의지를 초월한 문제이고 도시와 건축의 생성과정에 종합적이고 근본적인 질문을 던질 수 있는 개념이다.[50] 그리고 이렇게 도시와 건축을 '포괄적'으로 분석하려면, 도시를 구성하는 요소건물들에 개별적·형태적으로 접근해야 했는데 여기서 이를 가능하게 해주는 분석단위가 바로 '유형'이었다. 이 '종합성generality'과 '개별성individuality' 사이의 긴장 관계를 조율하는 것이 로시의 유형 개념이 가진 가장 흥미로운 점이고, 카트르메르 드 캉시와 아르간의 유형 개념에서 발전된 특징이라 볼 수 있다. 그러므로 유형을 디자인 재료로 사용한다는 것은 위에서 말한 복잡한 가치체계를 이해해야 가능한 까다로운 방법론이다.

---

48 Rossi, "The Architecture of the City"
"Typology presents itself as the study of types of elements that cannot be further

reduced, elements of a city as well as of an architecture⋯ no type can be identified with only one form, even if all architectural forms are reducible to types. The process of reduction is a necessary, logical operation, and it is impossible to talk about problems of form without this presupposition. In this sense, all architectural theories are also theories of typology⋯"

49 Alberti, "On the Art of Building in Ten Books", p.23, Joseph Rykwert, Neil Leach and Robert Tavernor 역

50 Pier Vittorio Aureli의 2012년 AA School 강연: Theory and Ethos: Towards a Common Architectural Language Part 6 참고.

유형은 반복적이고 보편적인 것이다
_ 라파엘 모네오

건축 작품을 예술 작품처럼 이 세상에 유일무이한 것이라고 생각할 수 있다. 하지만 다른 한편으로는 도구나 악기처럼 일반적인 용도를 공유하면서 반복되는 물건·사물이라고 볼 수도 있다.[51]
라파엘 모네오

지금까지 살펴본 건축에서 '유형'의 개념들은 디자인 도구라기보다 건축물을 분석하는 도구이거나 건축이라는 학문을 정의하는 데 논리적으로 유용한 개념이었다면, 스페인 건축가 라파엘 모네오에게 '유형'은 실용적인 디자인 도구이다. 특히, 그는 유형이 건축 디자인의 합리적이고 보편적인 출발점을 제공한다고 말한다.[52] 그렇다면 왜 유형이 디자인의 출발점이 되어야 한다고 그는 주장했을까? 첫 인용문에서 볼 수 있듯이 그에게 건축은 예술품보다는 유용성을 갖춘 도구에 더 가까운 존재인데, 보통 유용한 것은 우리 삶에 깊이 스며들며 그 형태구조는 반복적으로 나타난다. 단순한 예로 망치 같은 도구는 그 기본적인 용도가 항상 동일하기 때문에 각기 모양은 조금씩 다를지라도 그 형태구조는 모든 망치가 공유하며, 한국의 아파트 같은 경우도 수많은 비판에도 불구하고 경제적·정치적으로 유용하기 때문에 그 형태구조는 항상 반복적으로 나타난다. 모네오에게는 바로 이 반복적인 형태구조가 유형이나 마찬가지이며, 이 형태구조는 유용하고 합리적이기 때문에 창작의 출발점이라고 주장한 것이다.

반복성과 관련된 이런 '유형' 개념은 미국 예술사가 조지 쿠블러George Kubler, 1912~1996의 저서 『The Shape of Time』에서 큰 영향을 받은 것으로 보인다. 특히, 이 책의 "연결된 해결책들 Linked Solutions" 챕터에서 쿠블러는 도구들이 결국 어떤 문제에 대한 해결책이라 볼 수 있고, 이 해결책은 사회와 기술이 발전한다고 단순히 대체되는 것이 아니라 다음 해결책을 위한 출발점으로 작용하며 핵심 형태구조가 연속된다고 설명한다.[53] 건축 또한 우리의 삶을 담는 그릇으로서 연속적이고 반복적으로 나타나는 형태구조를 가질 수밖에 없으며 이런 '반복성repeatibility'과 '연속성continuity'은 모네오가 생각하는 유형에 아주 적합한 속성이었다.[54] 즉, 유형의 가치는 사회나 기술의 변화에 따라 급격하게 변화하지 않고 오히려 삶의 속도에 맞춰서 천천히 변해가는 것이기에 모네오에게 '유형'은 오랜 기간 변해가는 형태들 뒤에 변하지 않는 해결책의 가치 그 자체라 볼 수 있다. 이런 특성 덕분에 '유형'은 가장 합리적이고 안전한 디자인 출발점이면서, 시대의 변화에 대응할 수 있는 유연함을 함께 갖고 있는 것이다.

---

51 Moneo, "On Typology", p.23, Oppositions 13(1978)
"On the one hand, a work of architecture has to be considered in its own right, as an entity in itself. That is, like other forms of art, it can be characterized by a condition of uniqueness …… On the other hand, a work of architecture can also be seen as belonging to a class of repeated objects, characterized, like a class of tools or instruments, by some general attributes."
52 Moneo, "On Typology", p.37, Oppositions 13
53 Kubler, "The Shape of Time", p.28-55, 1962
54 Rafael Moneo의 2014 AA School 강연, Type vs. Typology - Keynote Lecture, 참조

유형과 기능주의

지금까지 우리는 유형의 의미가 건축 역사에서 어떻게 변해왔는지 몇몇 건축가들의 정의를 중심으로 간략하게 알아보았다. 이 전체적인 흐름 속에서 변하지 않는 유형의 한가지 특징은 바로 기능과 연관이 없다는 것이다. 직관적으로 생각하면 기능이 건축을 분류하는 핵심 개념인 유형과 관련이 없다는 것이 다소 생소할 수 있다. 하지만 기능과 연관이 없다고 기능을 중요하게 여기지 않는다는 것은 아니다. 다만, 기능을 건축의 핵심 가치로 여기고 보편적인 분류·가치 체계로 사용하는 것에는 많은 논리적 오류가 있다는 것을 강조하고 싶다. 모네오는 건축에서 기능주의 functionalism가 갖는 치명적인 단점을 다음과 같이 설명한다. "건축이 특정 요구 조건과 기능들을 해결하고 이를 형태로 표현하는 것이라면 건축은 어떤 문제들에 대한 정답을 찾는 학문으로 볼 수 있다. 그렇다면 그 정답은 항상 같은 형태로 귀결된다는 것을 의미한다. 하지만 건축 디자인 프로세스는 절대 이렇게 단선적이지 않다." 이러한 이유로 기능주의는 건축에서 그 힘을 잃을 수밖에 없었고 기능주의를 표방한 건축가들 또한 '기능주의'를 상징적 이미지로 나타내는 것에 더 심취했을 뿐 진정으로 기능에 입각한 순수한 형태를 만들지 않았다.

    기능이 건축에서 중요한 가치 중 하나라는 것은 틀림없다. 하지만 같은 호텔이라는 기능이 중정형도 있고, 편복도형도 있고, 타워형도 있듯이 하나의 기능은 여러 형태를 가질 수 있다. 이 때문에 기능을 통해서 건축을 읽고 분석하는 것은 아이러니하게도 범용성이 떨어지며 보편적 소통을 이끌어내기 적절치 않다. 건축은 주어진 조건 또는 문제를 기술적으로 풀어야 하지만, 동시에 사회를 바라보는 작가의 가치관을 '건축적'으로 표현하는 학문이기에 그 가치관의 소통 가능성과 보편성이 중요한 것이다.

그림16 〈로이드 빌딩〉 리처드 로저스, 1976, 기능주의를 상징적으로 표현

5장
유형의 가치

유형: 창작과 역사의 연결고리

만약 형태 자체가 원래 어떤 의미를 가지고있는 것이 아니라면, 우리가 형태들에 무의식적으로 의미를 부여하는 것이라 볼 수 있다. 그러므로 우리가 스스로 의미를 부여해온 과거의 형태들로부터 우리의 사고는 온전히 자유로울 수 없다. 만약 자유롭다고 생각한다면, 우리는 '소통'과 '창작'의 과정에서 아주 중요한 부분을 잊고 있는 것이다. 우리는 과거의 해결책이 만든 가치체계와 형태를 존중해야 한다.[55]

애런 콜훈

지금까지 이 책에서 살펴본 유형의 가치를 크게 세 가지**역사성, 추상성, 반복성**로 정리할 수 있는데, 그 중 첫 번째로 유형의 '역사성'에 대해 이번 장에서 다룰 것이다. 하나의 형태 구조가 사람들에게 유형으로 인식되고 소통될 때까지는 오랜 기간이 걸리고 사회 구성원 다수가 그 형태구조를 보편적으로 받아들여야 가능하기에 유형은 그 도구적 유용성보다 유형의 과거 기록이 전해주는 메시지와 친근함이 더 중요한 가치를 갖는다고 볼 수 있다. 그리고 유형의 이러한 측면은 디자인을 통해 작가 개인의 탁월함을 보여주는 것보다 더 중요한 가치가 건축에 있다는 것을 말해준다.

역사의 켜가 쌓여 물리적인 형태로 드러난 결과물인 유형은 단순히 전통적인 이미지를 보여주는 껍데기가 아니고 첫 인용문처럼 우리가 부여한 의미들을 간직하고 있는 형태구조이다. 또 미래에 생겨날 새로운 문제들에 대한 해결책은 과거 비슷한 문제에 관한 해결책이었던 '유형'에 있기 때문에 유형은 과거와 창작의 순간 그리고 창작의 순간과 미래를 연결해주는 징검다리이다. 정리하자면, 유형의 가치는 과거를 현재와 미래에 이어주는 그 연속성continuity에 있다. 하지만 여기서 유형의 연속성이라는 가치는 무조건적인 역사와 전통에 대한 존중을 말하는 것이 아니다. 만일 그래야 한다면 유형학은 항상 과거만 바라보고 소급적인 사고에 갇힌 접근법이 될 것이다. 다만 우리 사회의 변화 속도는 점점 빨라지고 있으며, 변화의 과정에는 항상 이에 저항하는 힘관습과 이를 원하는 힘급진주의 사이 긴장관계가 존재한다. 여기서 우리의 가치판단 기준이 어느 한쪽으로 치우치지 않게 해주는 것, 그리고 변화 속에서 초래되는 새로운 문제들에 대한 보편적 해결책을 제시해주는 것은 결국 모든 해결책의 집합인 역사라고 생각한다. 그리고 역사를 창작의 순간과 연결시켜주는 유형의 속성은 우리로 하여금 앞으로 올 변화들을 좀 더 합리적인 관점에서 받아들이고 분석할 수 있게 해 줄 것이다.

55 Colquhoun, "Typology and Design Method", p. 74, Perspecta 12 (1969)
"*If ⋯ forms by themselves are relatively empty of meaning, it follows that the forms which we intuit will, in the unconscious mind, tend to attract to themselves certain associations of meaning. This could not only mean that we are not free from the forms of the past, and from the availability of these forms as typological models, but that, if we assume we are free, we have lost control over a very active sector of our imagination, and of our power to communicate with others.*"

과거는 항상 우리 곁에 있다

과거는 현실을 알려주기 위해 존재한다. 하지만 현실은 항상 움직이며 우리의 손끝을 스쳐지나간다. 그렇다면 현실은 무엇인가?[56]

앙리 포시용(Henri Focillon, 1881~1943)

우리가 인지하는 현실은 사실 과거에서 온 메시지들로 이루어져 있다. 우리가 아는 것, 보는 것은 '지금now'이 아니라 '그때then' 그리고 '여기here'가 아니라 '거기there'서 생긴 것이다.[57] 그리고 이 메시지들은 우리 곁에 항상 존재하며 나름대로의 스토리로 우리에게 말을 건낸다. 보통 어떤 영감을 얻는다는 것은 순수하게 자신의 머릿속에서 나온 것이 아니고, 주변에 있던 메시지들 중 가장 적절한 것이 나에게 말을 걸어주는 행운이 일어날 때를 말한다. 예술의 역사에서 갑작스러운 변화가 나타나는 경우가 있는데, 이는 수많은 메시지 중 현시점과 거리가 먼 의외의 것이 선택될 가능성이 높다. 우리 주변의 과거로부터 온 메시지들은 순서대로 줄을 서서 우리의 인식에 들어오기를 기다리지 않으며, 다양한 과거는 항상 우리 곁에서 맴돌고 있다.

건축에서 '유형'은 이런 과거의 메시지들이다. 그러므로 우리의 환경을 거칠게 단순화시키자면 우리는 유형들로 이루어진 환경과 역사를 경험하고 있다고 봐도 무방하다. 그리고 수많은 유형들이 보내는 메세지 중 건축가가 어떤 메시지를 받아들이고 현재에 맞게 재해석한다는 것은 미래를 위한 메시지를 만드는 것이기에, 유형의 가치는 과거와 미래를 연결하는 순간에 가장 빛이 난다.

일반적인 역사의 흐름에서 이런 메시지의 수신자는 곧 발신자가 되는데, 이를 릴레이라고 표현하자. 각 릴레이마다 원래 메시지의 내용은 조금씩 변형되며, 상황에 따라 어떤 디테일은 빠지기도 하고 과장되기도 한다.[58]

조지 쿠블러

---

[56] Kubler, "The Shape of Time"에서 재인용, 1962, p.14
"Le passe ne sert qu'a connaitre l'actualit. Mais l'actualit m'echappe. Qu'est-ce que c'est donc que l'actualite?"
[57] Kubler, "The Shape of Time", 1962, p.15
[58] Kubler, "The Shape of Time", 1962, p.19
"Since the receiver of a signal becomes its sender in the normal course of historical transmission (e.g. the discoverer of a document usually is its editor), we may treat receivers and senders together under the heading of relays. Each relay is the occasion of some deformation in the original signal. Certain details seem insignificant and they are dropped in the relay; others have an importance conferred by their relationship to events occurring in the moment of the relay, and so they are exaggerated."

추상화가 필요한 이유

추상화는 인간이 어떤 문제에 대한 특수한 해결책을 찾는 것이 아니라 해결책을 위한 보편적 원리를 찾는 과정이다.[59]
알레한드라 셀레돈(Alejandra Celedon, 1979~)

유형의 핵심 가치 중 두 번째는 바로 유형의 '추상성'이다. '추상abstract'이라는 단어는 라틴어 'trahere'가 그 어원인데, '어떤 것이 속해 있는 전체에서 핵심을 뽑아내는 행위'를 뜻한다.[60] 우리는 이 어원을 통해서 '추상'이라는 의미가 미술에서의 '추상화abstract painting'처럼 어떤 특정한 스타일을 뜻하는 것이 아니라, 현실의 다양하고 복잡한 현상들 속에서 공통점과 보편성을 찾아내려는 인간 지성의 본능이라는 것을 알 수 있다.[61] 그러므로 추상적 사고는 복잡한 현실을 이해하기 위해 꼭 필요한 사고방식이며 유형의 추상성은 건축이라는 학문의 다양한 정보와 디자인을 보편적 형태구조로 치환해 사회적으로 공유할 수 있도록 도와주는 아주 중요한 특성이다.

유형의 추상성과 보편성은 작가들이 현실 세계의 제약들을 초월한 사고를 가능하게 해준다.[62]
샘 저코비

건축에서 이와 같은 '추상적 접근법'은 오래전부터 존재했다. 알베르티가 10권으로 쓴 『건축론』의 1권 '리네아멘타Lineamenta'

에서 그는 건축에서 추상화가 실질적인 구축이나 재료보다 더 중요하다는 것을 설명한다. 리네아멘타는 눈에 보이지 않지만 건물 조직 전체를 구성하는 원리인데, 그 원리는 다른 여러 건물에 적용될 수 있는 포괄성을 갖고 있다.[63] 즉, 그에게 리네아멘타는 건축가의 사고를 물리적 조건과 재료의 제한에서 벗어나게 해주며, 디자인 논리를 보여주는 도구이자, 논리 그 자체이다. 근대에 들어서는 르코르뷔지에가 건축에서 디자인의 질서를 만들 때 가장 중요한 개념 중 하나로 이야기한 '규준선regulating lines' 또한 리네아멘타와 비슷한 개념으로, 리네아멘타와 규준선의 공통점은 '결과 형태'보다 디자인 과정에서 눈에 보이지 않는 논리와 규칙 그리고 '형태 구조'를 드러내준다는 사실이다. 그리고 이 개념들이 전제로 하는 것은 겉모습보다 핵심을 파악하려는 '추상적 사고'이다. 이처럼 건축에서 추상화는 긴 역사를 갖고 있으며, 항상 건축 디자인의 원리·논리를 구축하고 드러내는데 필수적인 사고방식이다. 그러므로 일관된 논리를 기반으로 이루어지는 '소통'을 위해서는 그 논리를 드러내는 추상화가 반드시 필요하다. 이를 통해 우리는 건축에서 왜 추상화가 필요하며, 그 결과물인 '유형'이 왜 보편적 건축을 위한 핵심 개념인지 다시 생각할 수 있다.

59 Celedon, "The Plan as Eidos", p.4
"It is through abstraction, understood as the process through which man seeks to define generic frameworks rather than specific solutions."
60 https://languages.oup.com/google-dictionary-en/ 참조
61 Pier Vittorio Aureli의 2013년 AA School 강연: Design without Qualities Part 1 참고
62 Jacoby, "The Reasoning of Architecture", p.101
"It is through the diagrammatic, and therefore generalizing, abstraction of type that an artist is able to speculate beyond the limitations of the physical world."
63 Alberti, "On the Art of the Building in Ten Books", p.7

추상성: 잠재된 새로움

차용을 하기 위해 사용되는 완성품을 유형이라고 부르는 것은 실수이다. 오히려, 짧은 메모나 스케치 등이 작가의 상상을 돕는 촉매가 되었다면, 그 촉매제를 유형이라고 부르는 것이 더 적합하다.[64]
카트르메르 드 캉시

유형은 완공된 건축물의 다양한 요소들재료, 분위기, 장식 등을 걷어내야 보이는 핵심 형태구조이다. 이런 생략의 과정추상화을 거치기 때문에 유형은 다양한 디자인으로 발전할 잠재성을 갖는 것이다. 즉, 유형은 추상성 때문에 보편적이고 편리한 소통 도구가 될 수 있으면서 동시에 그 추상성은 작가의 주관적 해석이 개입하여 새로움을 만들 수 있는 여지를 제공하기도 한다. 그러므로 유형은 보편성과 새로움을 아우르는 복합적인 개념이라 볼 수 있다.

또 다른 재미있는 부분은, 유형의 '추상성'이 형태가 아닌 언어로 표현될 때 드러난다. 예를 들어, '의자'라는 단어를 들으면 '의자'를 대표하는 핵심 개념을 떠올리지 '쏘네 체어Thonet Chair' 같은 하나의 특정 디자인을 떠올리지 않는다. 하지만 유형을 어떤 그림으로 표현한다면 핵심 형태구조의 포괄성은 사라지고 하나의 이미지에 우리의 인식이 갇히게 될 위험이 높다. 이렇듯 유형이 구체적인 어떤 형태나 이미지로 재현된다면 사례와 다를 바가 없으며 우리의 주관이 개입할 여지 또한 사라진다. 이 때문에 라파엘 모네오는 유형이 재현될 수 없다고 말했다. 이처럼 언어로 표현될 때 그 진정한 가치가 드러나는 유형의 추상성은 유형을 자연스럽게 보편적 소통에 적합한 개념으로 만들어준다. 아이러니하게도 유형은 건축 개념이지만 언어로 표현되는 것이 어떤 면에서는 더 적합한 것이다.

어떤 형태의 가치 체계와 구체성specificity을 생략함으로써 그 형태는 역사의 무거운 짐으로부터 자유로워진다. 그리고 나서야 우리는 유형학적으로 그 형태에 대한 새로운 해석을 시도할 수 있다.[65]

샘 저코비

---

64 Quatremere de Quincy, "Encyclopedie Methodique", Architecture, vo.3, pt. II (1825)
"Thus one should not say (or at least one would be wrong to say) that a statue, or the composition of a finished and rendered picture, has served as the type for the copy that one made. But when a fragment, a sketch, the thought of a master, a more or less vague description has given the birth to a work of art in the imagination of an artist, one will say that the type has been furnished for him by such and such an idea, motif, or intention."

65 Jacoby, "The Reasoning of Architecture", p.220
"This purging of formal specificity and the associated value judgment of models before they become formally 'vague' types, de-historicizes form and makes it possible to creatively determine a new value…"

형태와 형태구조

유형의 추상성을 이야기하면서 나는 의도적으로 '형태'보다 '형태구조'라는 단어를 사용하였다. '형태'가 지각적perceptual 인지와 더 가깝게 느껴진다면, '형태구조'는 개념적conceptual 인지를 더 필요로 하는 개념이다. 즉 형태가 '보이는 것what you see'이라면, 형태구조는 '아는 것what you know'이라고 말할 수 있다. 예를 들어, 피터 아이젠만Peter Eisenman, 1932~은 그의 박사논문 "The Formal Basis of Modern Architecture"에서 형태구조를 중심형centroidal과 선형linear 두 가지로 분류한다. 이는 유형보다 좀 더 극단적인 추상화 결과로 볼 수 있지만, 여러 건물이 공유하는 핵심 형태구조라는 점에서 그 기본적인 성격은 유형과 비슷하다. 그렇다면, 추상화의 결과물인 '형태구조'를 왜 '형태'와 구분하는지 그리고 '형태구조'의 가치는 무엇인지 알아보자.

우리는 주변 환경도시, 자연 등을 인지할 때 모든 것을 우선 '현상' 및 '느낌'으로 뭉뚱그려 받아들인다. 그리고 흔히 말하는 이런 '느낌적인 느낌'을 비교·분석하여 사회적으로 공유할 수 있게 만들어주는 것이 인간 지성의 역할이라 봐도 무방하다. 아주 쉬운 예로, 우리가 공부하는 교과목들수학, 지리, 물리 등은 방대한 '느낌'과 '현상'을 나름대로 공통점에 따라 분류하여, 사회적 소통의 길을 열어주는 시스템이다. 그리고 이런 시스템은 결국 핵심을 파악해야 하는 추상적 사고가 필수적인데 건축에서 '형태구조'는 바로 이런 보편적 소통을 가능하게 해주는 시스템이라고 볼 수 있다. 건축물의 재료, 창문의 모양 등 세부 요소들은 각

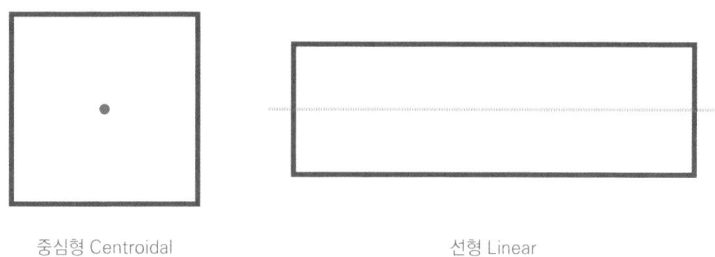

중심형 Centroidal　　　　　　　　선형 Linear

기 다를 수 있다. 하지만 형태구조는 건축물들 개별 형태를 분석하면 나타나는 공통분모이기 때문에 많은 건물들이 공유하는 DNA 같은 것이고 이 점이 형태와 형태구조를 가르는 가장 큰 차이점이다. 즉, 형태의 가치가 개별성 individuality이라면, 형태구조의 가치는 보편성·포괄성 generality이라 할 수 있다.

반복성은 복제가 아니다

유형은 어떤 것을 모방하지 않으면서 재생산하기 위한 수단이다.[66]
샘 저코비

지금까지 우리는 유형의 세 가지 핵심 가치 중 역사성과 추상성에 대해 알아보았다. 지금부터는 마지막이자 세 번째 가치인 '반복성'에 대해 알아볼 것이다. 우리가 중요하다고 생각하는 건축물들은 사회 문화 수준을 보여주는 척도이면서 어떤 문제에 대해 오래 고민한 결과이자 해결책이다. 그리고 그 문제에 대해서는 보통 여러 해결책이 있기 마련이다. 예를 들어, 전후 우리나라 주택 문제를 풀기 위해 상가주택, 연립주택, 아파트 등 다양한 유형들이 그 해결책으로 시도되었다. 하지만 아파트처럼 그중에서도 가장 효과적인 해결책은 반복되어 나타나는데, 이를 통해 자연스럽게 그 해결책은 '유형'으로 자리잡는다. 그리고 사회 변화와 함께 해결해야 할 문제가 서서히 바뀌기 시작하면, 유형은 또다시 새롭게 시도되는 해결책들을 자양분으로 그 변화의 에너지를 얻는다. 황두진 건축가의 '무지개떡 건축'은 유형적 반복성을 통해 체계적인 새로움을 성취한 좋은 예이다.[67] 그는 우리나라의 도시·주택 문제를 해결하기 위해 '상가주택'이라는 유형을 치밀하게 분석하고 현대에 맞게 재해석한 '무지개떡 건축'을 제시한다. '무지개떡 건축'은 우리에게 익숙한 '상가주택' 유형을 출발점으로 삼기 때문에 우리에게 친숙해 보이지만 현재 상황에 맞는 재해석이 들어있어서 보편적인 듯 참신한 형태구조를 보여준다. 이런 형태구조는 단순한 디자인 결과물이 아니라 한국 사회에 적합한 주택 '구성논리' 그 자체이기 때문에 다양한 건물에 반복적으로 적용될 수 있는 포괄성과 보편성을 지닌다. 이렇듯 '유형'은 반복성과 떼려야 뗄 수 없는 관계이고, 반복성을 통해 보편성을 얻는다고 볼 수 있다.

또 유형은 반복성을 통해 건축에서 항상 존재해온 '작가성 authorship'이라는 굴레를 벗어날 수 있다. 건축의 역사는 유명한 작가들의 이름으로 구성되어 있다고 봐도 무방하며 그들의 작품이 갖는 '특이성'과 '개별성'에 많은 사람들의 관심이 쏠리는 것이 일반적이다. 하지만 유형은 이런 특이성과 개별성 그리고 개인 작가의 성향을 뛰어넘어 도시와 건축 역사를 보편적으로 읽을 수 있게 도와주는 지적知的 도구이다.

알도 로시는 합리화를 위해 '반복'이란 전략을 사용한다. 그는 유형적 반복을 통해 건축의 현상을 침묵 속으로 이끌고, 과거를 현재의 새로운 사건으로 만든다.[68]
메리 루이스 롭싱어(Mary Louise Lobsinger)

---

66 Jacoby, "The Reasoning of Architecture", p.8
"Type is a medium of non-imitative reproduction."
67 자세한 내용은 황두진, 『무지개떡 건축』, 2015 참조
68 Lobsinger, "That Obscure Object of Desire", p.38-61
"Rossi uses repetition as a strategy of rationalization, in which typological recurrence is a mechanism to strip away meaning until architecture becomes 'silent', which points to a desire to both regain and ahistoricize the past as a new event."

6장
유형적 접근법

유형과 유형적 접근법

유형적 접근은 우리가 어떤 문제에 대한 과거 해결책들, 그리고 그 해결책을 위한 고민들을 이해하게 해준다.[69]
피터 로(Peter Rowe)

유형type은 패턴, 절대적 기준 등을 재현한다.[70] 하지만 '유형적 접근법typology'은 사물과 현상 뒤 변하지 않는 원리를 이해하려는 노력 자체를 말한다. 비슷한 듯 다른 '유형'과 '유형적 접근법'은 건축이라는 학문의 역사가 짧은 동양권 문화에서 더욱 그 구분을 필요로 한다. 기본적으로 서양은 로마 시대부터 건축을 학문으로 대하며 건축에 대한 책이 존재해왔다. 즉, 서양 문화에서는 다양한 유형의 역사가 기록될 수 있는 환경이 조성되어 있었던 것이다. 하지만 동양에서 건축은 아직도 '구축' 및 '건설'과 분리되지 않은 개념으로 많은 사람들이 알고 있다. 이 말은 건축을 유형적·추상적으로 생각하는 방식에 익숙하지 않으며 다양한 유형이 만들어질 수 있는 지식 환경이 없었음을 뜻한다. 많은 동양 문화권 국가들이 겪을 수밖에 없는 이러한 문제는 어쩔 수 없는 것이지만, 적어도 '유형적 접근법'의 가치는 동양권에서도 항상 유효하다. 유형적 접근법을 설명하기 위해 신발의 예를 들어보자. 신발은 시대가 변하면서 그 분류가 더 세분화되었고 구두, 부츠, 골프화, 농구화 등 디자인과 기능이 지속적으로 발전하였다. 하지만 '신발'이라는 유형에는 이 모든 변화의 중심에 변하지 않고 있는 핵심 가치가 존재한다. 이 때문에 우리는 '신발'이라는 단어를 들었을 때 보편적인 이미지를 떠올리고 소통할 수 있는 것이다. 그리고 '유형적 접근법'은 어떤 이미지나 디자인이 아니라 신발을 만들었던 인간의 첫 의도와 지성, 즉 앞에서 말한 '핵심 가치'를 탐구하고 질문하는 것이다. 그러므로 유형적 접근법은 건물의 전체적인 형태구조와 이에 관련된 역사를 고민하는 것이지 단순히, 창문의 모양, 지붕의 구조, 외장 재료를 바꾼다고 유형적 발전이 이루어지는 것이 아니다. 이런 측면 때문에 유형적 접근법을 디자인 방법론으로 사용하는 것은 매우 까다로운 일이다. 하지만 유형적 접근법을 통해 공부할 수 있는 지적知的 환경은 시간을 초월하여 적용될 수 있기에 디자인 과정을 더 많은 사람들에게 열어준다. 즉, 유형적 접근법은 지식을 공유할 수 있는 방법론이며 이 때문에 더 보편적 건축에 용이하다고 볼 수 있다.

유형적 접근은 도상학iconography처럼 과거의 이미지, 테마 및 가치들을 현재 맥락에 맞게 다시 개발하는 것이다.[71]
샘 저코비

---

[69] Rowe, "A Priori Knowledge and Heuristics Reasoning in Architectural Design", Vol. 36, No. 1, 1982, p.19
"...typologies allow one to make use of knowledge about past solutions to related architectural problems."
[70] Jacoby, "The Reasoning of Architecture", p.92
[71] Jacoby, "The Reasoning of Architecture", p.220
"Architectural typology is comparable to iconography as a reinvention of past images, themes, and values within a contemporary context…"

일반적 형태 vs. 구체적 형태

무형의 개념을 물리적 형태로 치환하는 과정에서 유형의 일반성은 구체성을 내포한다.[72]

카트르메르 드 캉시

앞에서는 유형적 접근법의 일반적 가치에 대해 알아보았다면 이 장에서는 좀 더 디자인 방법론에 국한된 유형적 접근법의 가치를 이야기할 것이다. 모든 '결과 형태'는 그 출발점으로 단순하고 일반적인 형태를 갖고 있으며, 일반적 형태는 어떤 유형일 수도 있고 순수한 기하학적 형태일 수도 있다. 다만 '일반적 형태General Form'는 '구체적 형태Specific Form'로 발전해나가는 과정에서 기준점이 되며 구체적 형태는 그 일반적 형태의 기본 성질을 약화시키지 않는 방향으로 발전해야 한다.[73] 예를 들자면, 기능적인 이

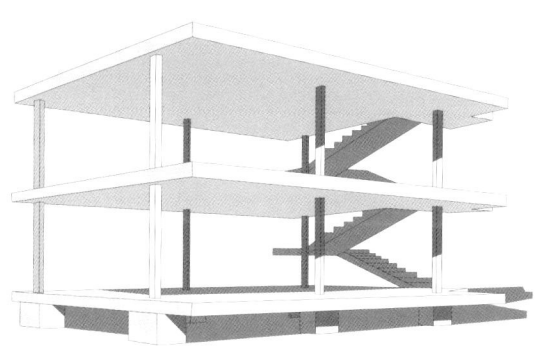

그림17 돔이노 구조

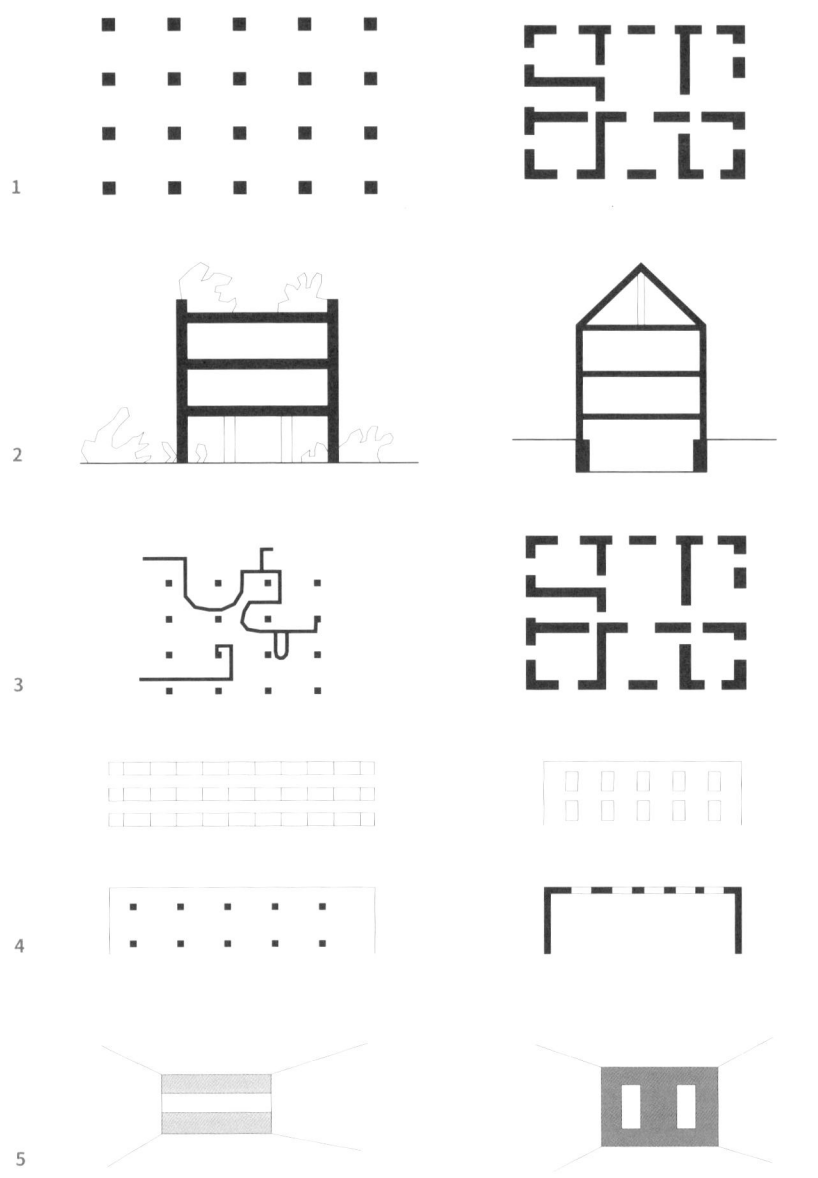

그림18 르코르뷔지에의 건축의 5원칙 중 1번과 3번은 독립된 구조와 자유로운 배치를 보여주는 구체적 형태이다.

유로 구체적 형태가 일반적 형태인 '편복도형'의 기본 구조를 깨뜨릴 수밖에 없다면 중정형, 중앙집중형, 타워형 등 새로운 일반적 형태를 골라 다시 디자인을 시작하는 것이 더 효율적이다. 그리고 어떤 건물을 볼 때, 디자인 과정의 첫수인 구체적인 요소들이 생략된 일반적 형태를 파악해야 결과물에 이르게 해준 디자인 논리를 쉽게 역추적할 수 있으며, 논리를 찾는 이러한 과정을 통해 우리는 보편성을 위한 기본 조건을 갖출 수 있다.

르코르뷔지에의 '5원칙'그림18과 '4구성'그림19은 위에서 말한 유형적 접근법을 아주 잘 사용한 예다. 그는 산업화와 신재료로 대표되는 '근대성modernity'이라는 정신 자체를 '돔이노Dom-ino, 그림17'라는 일반적 형태를 통해 보여주었는데, 이 '일반적 형태'에 구체성을 부여하는 그의 '5원칙'과 '4구성'은 서양 전통 건축에 대한 비판이지만 동시에 '돔이노'라는 기둥-슬라브 구조일반적 형태를 더 돋보이게 해주는 디자인 논리 및 구체적 형태로도 해석할 수 있다. 서양 전통 건축은 벽이 곧 구조이기 때문에 기능에 따라 칸막이 벽 위치를 고칠 수 있는 현대 건축과 비교하면 유연성이 매우 떨어졌다. 이에 르코르뷔지에는 '돔이노'라는 원형을 통해 벽과 구조를 분리한 근대적인 건축 표본그림18의 1번을 보여주었고, '5원칙' 중 가장 중요한 원칙인 '자유로운 평면'그림18의 3번은 구조와 벽이 분리되어야 한다는 일반적 형태·논리에 '구체적 형태'를 발전시킬 실마리를 제공해준다. 그리고 '4구성'은 자유로운 평면이라는 논리가 구체적으로 구성될 수 있는 몇 가지 기본적인 예시들을 보여주는데 그림19에서 보이는 4구성 중 특히 3번은 '돔이노'라는 일반적 형태를 더 돋보이게 하고 '벽의 자유로운 배

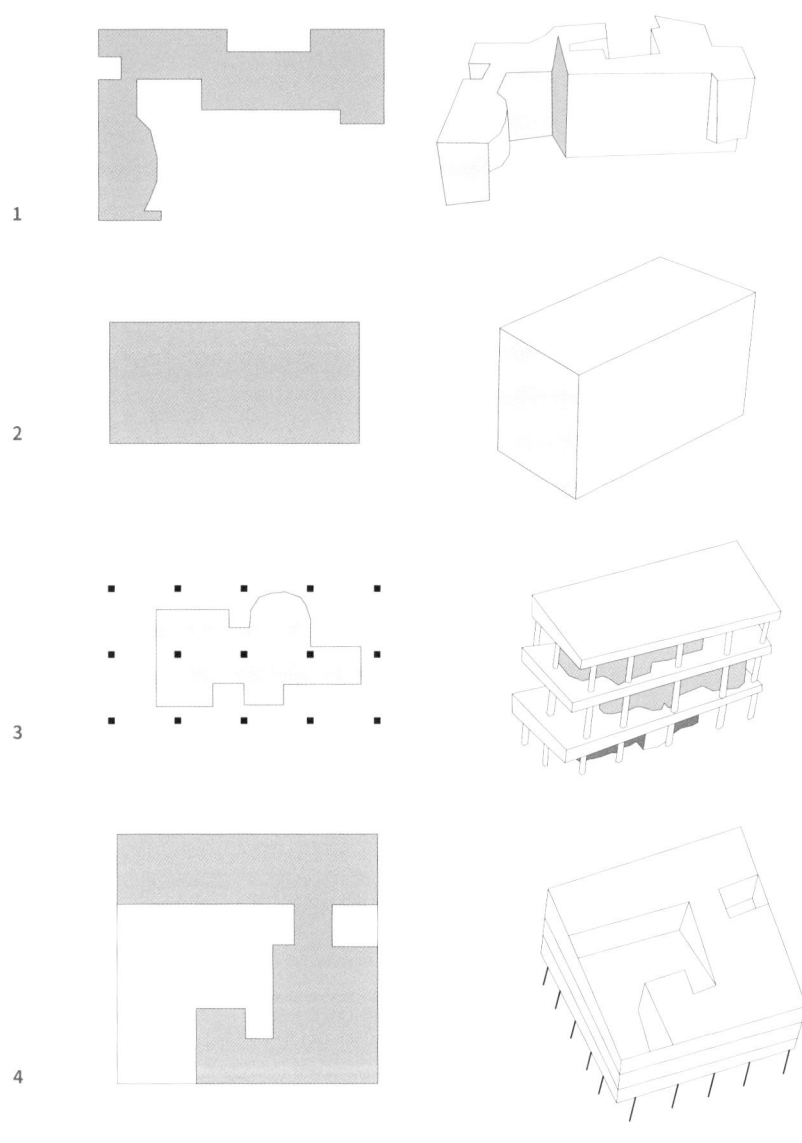

그림19 르코르뷔지에의 건축의 4구성

치'를 적극적으로 활용하는 구체적 형태이다.

르코르뷔지에의 예시처럼, 어떤 일반적인 형태를 첫 단계 및 논리로 사용한 후 이를 실질적으로 존재할 수 있는 구체적 형태로 발전시키는 과정에서 그 원형을 기억하는 것은 매우 중요하다. 디자인의 첫수를 존중하지 않으면서 구체적 형태를 발전시킨다면 디자인의 논리적 일관성을 잃게 되며, 이는 '유형'의 중요한 가치인 보편성과 소통 능력의 상실로 이어지게 된다.

유형은 결과 형태의 구체성을 생략함으로써 언어의 보편적인 문법같이 구조적인 문제를 위해 존재한다.[74]

샘 저코비

---

[72] Quatremere, "Essay on Imitation", p.230
[73] Eisenman, "The Formal Basis of Modern Architecture", p.85-87
[74] Jacoby, "The Reasoning of Architecture", p.100
"*Deconstructing the particularity of models, types operates in the domain of ideas, phenomena and form, utilizing a syntactic structure comparable to a universal grammar.*"

7장
유형적 접근법의 사례

그리드 Grid

앞에서 살펴본 유형적 접근법은 디자인의 출발점과 그 발전 과정을 결과보다 중요시하는 태도를 말한다. 그렇다면 결과 형태가 동일하더라도 그 동기와 논리가 다르다면 엄밀히 말해 같은 유형이라 볼 수 없다. '그리드'는 같은 형태이지만 동기가 다른 형태구조 중 대표적인 것인데 가장 일반적인 해석은 사람과 물자의 효율적 분배를 위한 격자 모양 동선 체계로 보는 방식일 것이다. 혹은 위계가 없고 천편일률적인 형태 구조 덕에 정치적 평등성과도 자주 연결된다. 고고학자들이 밝혀낸 바로는 인간이 정주 사회를 이루기 시작하면서부터 대지를 효율적으로 나누기 위해 이 같은 격자 체계의 도시·형태 구조가 발전되었다고 한다.[75] 이를 통해 알 수 있는 그리드의 생성 동기는 1. 토지 소유권에 대해 누구나 동의할 수 있는 형태를 부여하는 것 그리고 2. 공생을 위한 보편적 템플릿 제공이다.[76]

고대 그리스에서 그리드는 요즘으로 치면 신도시 개발 도구로 사용되었다. 이 당시 국가의 확장은 결국 전쟁을 통한 것이었고, 이는 경제적으로 부담이 많이 되는 일이었다. 이에 국가는 참여자들에게 인센티브로 개척된 땅을 나누어줘 동기부여를 했는데, 그리드는 모두에게 공평하게 땅을 나누어줄 수 있는 가장 효율적인 템플릿이었고, 모든 국민은 법 앞에 평등하다는 뜻의 '아이소노미아Isonomia' 원칙에 의해 분배되었다. 이는 당시 그리드가 갖는 정치·경제적 의미가 현재 우리가 아는 것과 크게 다르지 않았음을 알 수 있다.[77] 하지만 고대 그리스 철학자이자 도시계획가인 히포다무스^{Hippodamus, BC 498 ~ BC 408}는 예술가, 농부, 군인 세 가지 계급으로 시민을 나누었고 땅의 성격 또한 신성한 공간, 일상 공간 그리고 사적 공간 세 가지로 나눈다. 여기서 일상 공간은 농부들의 지역으로 이들은 다른 계급들을 위해 식량을 제공하는 역할을 하였는데,[78] 이는 앞서 말한 만인이 법 앞에 평등하다는 '아이소노미아' 원리가 지켜지지 않는 것을 뜻한다. 즉, 히포다무스는 그리드의 물리적 구조는 유지했지만 계급과 그에 맞는 기능을 특정 구역에 부여하여 '아이소노미아'와는 정치·경제적으로 정반대 동기인 '계층 위계'를 그리드에 주입한 것이다. 그러므로 형태구조는 동일하지만 그 의도와 생성 논리가 정반대인 '아이소노미아'적 그리드와 '히포다무스'적 그리드는 같은 '유형'이라고 말하기 힘들다.

　이같은 그리드의 이중성은 시대마다 지속되었는데 로마 시대 그리드는 이 위계를 형태적으로도 보여주는 십자가 모양의 중심 도로가 있었다. 카르도^{Cardo}와 데쿠마누스^{Decumanus}라 불린 이 도로의 두 축은 로마의 식민지 확장 논리를 가장 잘 보여주는 형태이다. 도시구조에 위계를 만든 이 중심축은 빠른 속도로 확장하기에 적합한 고속도로 같은 것이었는데 이는 로마의 군사적 전략^{확장}과 정치적 변화^{공화정에서 제정으로 변화}를 반영하며,[79] 도시의 보편적인 삶을 위한 부분은 두 축의 주변에 그리스식 그리드와 유사한 구조로 계획되었다. 즉, 로마의 도시구조는 카르도와 데쿠마누스라는 광역적 그리드와 보편적 삶을 위한 도시적 그리드의 하이브리드 구조였다. 아메리카 대륙 개척 시대의 그리드는 영국 철학자 존 로크^{John Locke, 1632~1704}와 같은 사람들이 창안한 개

그림20 카르도와 데쿠마누스를 보여주는 로마의 도시구조

념인 '인클로저enclosure'를 중심으로 약탈의 도구처럼 사용되었다. 땅을 경작할 수 있게 바꾸는 것은 의무이자 땅을 소유할 수 있는 권리라 믿는 인클로저 운동 아래, 영국인들은 북미 대륙을

버려진 땅이라 여겼고, 모든 땅을 자신들이 경작하여 합법적으로 소유권을 가져갔다. 고대 그리스와 로마가 그랬던 것처럼 국가는 개인들에게 이 과정을 맡겼고, 그리드 형태로 땅을 분할하여 사람들에게 나누어 주었다.[80]

이처럼 그리드는 건축가들이 흔히 생각해왔던 것처럼 '합리성'과 '평등성' 때문에 수천 년간 사용되어온 것이 아니라 오히려 식민지 '필지 분할'이라는 폭력적 행위를 가장 효율적으로 진행시킬 도구이자 형태적 템플릿으로 사용되었다. 현대 도시도 지적도상 이런 경계가 존재하고 있고 이런 모든 경계는 잠재적 경쟁을 일으킬 법적 경계들이다. 이런 배경을 모두 안다면 그리드를 한 가지 유형이라 단정 짓고 사용할 수 없으며, 유형적 접근은 이런 식으로 어떤 형태구조에 대한 역사와 배경지식을 포함한 과정에서 이루어져야 한다. 이를 통해 건축가는 한 유형을 더 정확하면서도 창의적으로 사용할 수 있으며, 그 의미를 다른 사람들과 소통할 수 있다.

---

[75] Aureli, "Appropriation, Subdivision, Abstraction: A Political History of the Urban Grid", 2018
[76] Nigel Goring-Morris and Belfer-Cohen, "A Roof over One's Head: Developments in Near Eastern Residential Architecture across the Epipaleolithic Neolithic Transition"
[77] Vernant, "Myth and Thought among the Greeks", Janet Lloyd and Jeff Fort 역, 2006
[78] Mazza, "Plan and Constitution - Aristotle's Hippodamus: Towards an Ostensive Definition of Spatial Planning", The Town Planning Review 80, no.2, 2009, p.113-141
[79] Morley, "Cities in Context: Urban Systems in Roman Italy", Roman Urbanism: Beyond the Consumer City edited by Parkins (Routledge: London, 2005), p.42-58
[80] Aureli, "Appropriation, Subdivision, Abstraction: A Political History of the Urban Grid", 2018

아파트

그리드와 비슷하게 아파트 또한 상반된 역사를 갖고 발전되어 온 두 가지 모델이 있다. 한국의 아파트는 한국 전쟁 후 효율적인 주택 공급을 위하여 개발되었다. 재정 상황이 좋지 못했던 당시 정부는 대규모 필지 개발을 민간에게 넘겼고 최고의 수익률을 원한 민간의 주도 하에 현재 한국의 '단지' 방식의 아파트 문화가 생겨났다.[81] 반면 소련의 아파트 같은 경우 '공산주의적 삶의 양식'을 건설한다는 구호 아래 모든 국민이 평등하게 살 수 있는 주택 생산이 목표였다. 그리고 소련의 공동주택 개발 배경은 공산주의라는 정반대의 경제 시스템이었으나 그 결과물은 한국의 단지와 마찬가지로 'Micro District'라 불리는 단지식 아파트 유형이었다.

두 국가 모두 처해있던 상황은 비슷했다. 각각 1차 세계대전과 한국 전쟁 이후 도시로 몰리는 인구를 위한 주택 공급이 시급한 과제였다. 소련의 경우 처음부터 바로 아파트를 건설하지는 않았다. 초창기 공동주택은 2월 혁명[82] 후 귀족 및 부르주아지의 저택들을 중앙정부가 몰수하여 여러 가족이 쓸 수 있게 분배한 것으로 여러 가족이 화장실과 부엌 등 공공시설을 공유하고 방마다 한 가족이 살았는데, 사생활 침해 등 기본적인 생활 방식에 큰 불편을 주었다. 이런 열악한 주거 환경을 개선하면서 노동자들의 표준 주택을 공급하기 위해 1950년대부터 소련은 흐루쇼프Nikita Khrushchyov, 1894~1971 서기장의 주도로 단지식 아파트 공급계획을 발표했다. 한국 또한 상가주택이나 흔히 '양옥'이라 불

그림21 서울의 아파트 단지 모습, 1976

리던 연립주택 등 다양한 주택 유형의 시행착오 후 1970년대부터 본격적인 단지식 아파트 공급이 시작되었고 아파트는 서서히 우리나라를 대표하는 주거 유형으로 자리잡았다.[83] 어찌 보면 한국과 소련 모두 열악한 주거환경을 개선하는 과정에서 자연스럽게 '단지식 아파트'라는 유형이 가장 좋은 해결책으로 받아들여진 것이다.

하지만 아파트를 만든 목적과 아파트를 통해 얻고자 했던 효과는 두 국가 간 큰 차이가 있다. 소련이 아파트를 본격적으로 공급할 때 흐루쇼프는 공산주의적 삶을 실현시킬 가장 좋은 모델이 바로 단지식 아파트라고 찬양했다. 단지식 아파트의 공공기물

놀이터 등과 공동시설육아실, 세탁실 등을 공유하고 자체적으로 관리함으로써 인민들은 더 끈끈한 유대감과 동질감을 느낄 수 있고[84], 주민들 스스로 방범 조직을 구축함으로써 인민과 정부 사이 적극적인 공조 체제를 구축할 수 있다고 생각했다.[85] 반면, 한국의 아파트 개발은 도시 기반 시설에 대한 정부 투자를 최소화하면서 가장 효율적으로 주택을 공급하기 위한 정책 수단이었고, 그 결과물이 단지식 개발이었다.[86] 그리고 이런 단지식 아파트는 이제 주택 공급을 위한 수단이 아니라, 한국인의 가장 확실한 투자 자산이자 상품이 되었다. 정리하자면, 소련의 아파트 단지는 인민들의 공동체 의식 함양과 공산주의적 삶을 진작시킬 정치적 도구이자 커뮤니티 단위였다면, 한국의 아파트 단지는 경제적 효율성에 의해 결정된 좋은 상품이었다.

이렇듯 유형적 접근을 통해 아파트라는 주택 유형의 역사를 안다면 우리는 단순 형태로 유형을 구분할 수 없다는 것을 알 수 있다. 물리적 형태만 있다면 그 의미는 모호하며, 우리는 문화적 환경을 해석할 수 있어야 그 형태의 진정한 의미를 알 수 있다.

---

81 박철수, 『아파트』, 2013 참조
82 2월 혁명(러시아어: Февральская революция, February Revolution)은 제1차 세계 대전 중인 1917년 3월 8일에 러시아에서 일어난 러시아 혁명이다. 로마노프 왕조가 세운 제국이 무너지고 러시아 황제 니콜라이 2세는 폐위되었으며, 러시아 제국은 멸망했다. 이후 몇 년 간의 혁명과 내전을 거쳐 소비에트 연방의 설립으로 이어졌다. (출처: https://ko.wikipedia.org/wiki/러시아_2월_혁명)
83 이에 대한 더 자세한 내용은, 박철수의 『거주 박물지』 참고
84 Harris, "Soviet Mass Housing and the Communist Way of Life", p.181
85 Ibid. p.190
86 박인석, 『아파트 한국 사회』, p.8

그림22 흐루쇼프의 지휘로 지어져 '흐루숍카'라 불리는 아파트들은 당시 심각한 주택난 해결에 도움이 됐다.

8장
유형과 예시의 상보성

> 건축에서 유형은 예시Model에 의해 그 실질적 효과가 나타난다.[87]
> 샘 저코비

4장에서 본 바와 같이 건축에서 유형은 상반되는 두 가지 특징을 갖고 있다. 카트르메르 드 캉시는 유형은 절대적이고 선험적인 개념이라 말했으며, 줄리오 카를로 아르간은 유형이란 경험적으로 분석해 찾아내는 것이라 말했다. 그리고 플라톤이 말한 기하학Geometra를 통해 이 역사적 논쟁을 새로운 관점에서 생각해 볼 수 있다. 플라톤이 말한 인간 지식 생산방식 두 가지 중 첫 번째인 '기하학'은 가설과 추정에 기반한 학문을 말하는데 이런 학문의 대표적인 예가 바로 수학이다. 수학은 더하기, 빼기 같은 연산과 특정 사실들이 절대적이라고 가정하고 모든 지식이 생산된다.

유형학 또한 일종의 기하학으로 절대적인 형태가 없는 추정의 산물이기 때문에 어떤 유형이 익숙해지면 우리는 그 유형을 생각할 때 구체적이진 않아도 추상적인 형태구조를 선험적으로 떠올릴 수 있다. 그러므로 유형은 '구체적이고 현실적인 형태'로서의 가치는 적을 수도 있지만, 이런 추상성 덕분에 유형은 항상 발전되고 구체화될 수 있는 '과정'을 품고 있다. 하지만 '일반적 형태 vs. 구체적 형태'에서 본 것처럼 개별적이고 특수한 문제들이 추가될 때마다 유형의 기본 형태구조를 생각하지 않고 파편적으로 해결책을 마련하다 보면 과정의 연속성이 사라져 유형이 구체적인 형태로 발전되는 과정을 읽을 수 없게 된다. 그리고 디자인 과정을 읽을 수 없다는 것은 결국 소통 또한 불가능하다는 것을 뜻하며 이는 보편성이 결여됨을 뜻한다.

하지만 '예시'는 그 구체성과 명확성 때문에 어떤 예시가 결정되는 '순간'만 존재하지 예시를 변형하거나 발전시키는 과정은 존재하지 않기 때문에 디자인 과정에서 이런 유형의 연속성이 초래하는 까다로움을 덜어주는 것이 바로 예시를 '결정'하는 순간이다. 결정^{decision}의 어원 'caedere'는 '단절'이라는 뜻이 있다. 즉, 어떤 예시를 건축 디자인에서 사용한다고 결정하는 이전까지 연속적으로 존재해왔던 흐름을 '단절'하고 그 예시가 보여주는 명확한 형태나 이미지에 집중함을 암시한다. 이런 예시의 '단절성'은 도구적으로 매우 유용하다. 유형의 '포괄성'과 '추상성'은 디자인 과정에서 연속성과 일관된 논리를 요구하며 이는 오히려 디자인의 굴레가 될 수 있다. 하지만 예시의 '단절성'과 그때그때 명확하게 소통할 수 있는 '이미지'는 위에서 말한 유형의 까다로움과 디자인 과정에서 겪는 현실적인 어려움을 이미 존재하는 사례들을 통해 효과적으로 풀어나갈 수 있게 해준다.

이미 존재하는 것인 예시·사례를 디자인에 직접적으로 사용하는 것을 반갑게 여기지 않는 경우도 많은데 이미 대체로 항상 새로운 것을 원하는 시장의 주목을 끌기가 힘들어서일 것이다. 하지만 이미 존재하는 예시들은 우리가 당면한 문제들 혹은 당면할 문제들에 대한 직간접적 해답이고 역사적 기록이기에 '새로움'보다 더 보편적인 가치가 있다. 결론적으로, 유형의 '추상성'과 예시의 '명확성' 그리고 디자인 과정에 있어서 유형의 '연속성'과 예시의 '단절성'은 보편적 건축을 위해 서로의 단점을 보완해주는 유용한 콤비이다. 다음 장부터는 예시가 건축에서 갖는 가치에 대해 좀 더 자세히 알아볼 것이다.

건축의 구조적 개념은 일관된 유형들에 의존하지만, 이 유형들은 구체적 예시를 통해 소통된다.[88]

샘 저코비

---

[87] Jacoby, "The Reasoning of Architecture", p.235
"The effect of type on architecture is displaced and enacted by the model."
[88] Jacoby, "The Reasoning of Architecture", p.236
"While a structural concept of architecture relies on persistent types, these are communicated through models…"

9장
예시적 접근법의 특징들

구체적인 것에서 구체적인 것으로 from the particular to the particular

> 예시는 전체와 부분 사이의 상관관계가 없다. 예시는 독립적인 부분들로서 존재한다.[89]
> 아리스토텔레스(Aristoteles, BC 384 ~ BC 322)

바로 앞 장에서 유형의 한계를 보완해 줄 예시의 특징을 간략하게 설명하였는데 편의를 위해 이렇게 예시를 사용하는 방식을 '예시적 접근법'이라고 부르겠다. 아리스토텔레스는 그의 저서 『Prior Analytics』에서 귀납법은 특수한 사실 the particular을 통해 일반적 원리 the general를 도출하는 것이고 연역법은 일반적 원리에서 특수한 사실을 찾는 방법인데, '예시적 접근법'은 특수한 사실 the particular에서 특수한 사실로 움직이기 때문에 연역/귀납법에 속하지 않는 제3의 논리라 설명한다.[90] 그러므로 '부분-전체', '일반성-구체성', '보편성-특수성' 같은 이분법이 예시적 접근법에서는 존재하지 않으며,[91] 예시적 접근법은 설명하고자 하는 바를 정확히 표현하기 위해서만 존재한다.

건축이라는 학문은 '추상-구체', '개념-실제', '안-밖', '개별성-보편성' 등 수많은 이분법적 개념 사이 긴장 관계를 조율하는 일이라 정의 내려도 무리가 아니기에 이분법을 벗어난 제3의 논리로서 '예시적 접근법'은 아주 흥미로운 디자인 방법론을 우리에게 제공한다. 왜냐하면 건축가를 포함한 대부분의 디자이너들은 보통 전체적인 틀을 먼저 잡고 그 추상적인 틀 안에 디테일을 넣으면서 디자인을 조율하고 완성도를 높여가는데, 예시는 각자의 기능과 형태가 명확하기 때문에 추상적인 것을 구체화시키는 중간 과정이 필요 없으며 이러한 예시의 명료함은 유형의 포괄성과는 또 다른 가치를 건축이라는 학문에 제공하기 때문이다.

---

89 Aristotle, "Prior Analytics", 69a13-15
"It is clear that the paradigm does not function as a part with respect to the whole, nor as a whole respect to the part…"
90 Agamben, "The Signature of All Things", p.19
91 Ibid., p.19

예외적인 것 inclusion by exclusion

어떤 사물이 특정 현상을 설명하려는 예시로 '선택'된다는 것은 그 사물이 원래 속해있던 논리체계에서 '제외'된다는 것이다.[92]
조르조 아감벤(Giorgio Agamben, 1942~)

예시는 항상 예외적인 것이기 때문에 특정 논리에 속하지 않고 독립적으로 존재한다는 점이[93] 이번 장에서 알아볼 예시의 두 번째 특징이다. 과연 이게 무슨 의미일까? 예시는 설명하고자 하는 어떤 현상 및 원리와 공통점을 갖고 있기에 선택되는 것이라 생각하기 쉽다. 하지만 특정 공통점이 예시를 정의한다면, 어떤 것은 '예시'로 선택되기 이전부터 그 공통점에 의해 항상 '예시'로 인지되어야 하기 때문에 이는 사실이 아니라는 것을 알 수 있다. 오히려 예시는 특수한 상황과 어떤 사물 사이 명료한 '관계'에 의해 만들어진다. 예를 들어, 아기에게 밥을 먹일 때 숟가락을 입에 넣은 후 입을 다물게 하기위하여 '앙'이라는 소리를 낸다. 이 상황에서 '앙'은 '입을 다무는 행위'와 가장 명료한 관계를 보여주기 때문에 예시로 선택된 것이다. 이 특수한 상황에서 벗어나면, '앙'은 그 어떤 뜻도 소통하지 못하는 글자이자 소리이다. 정리하자면, 예시는 어떤 공통점 때문에 미리 정해져 있는 것이 아니라, 특수한 상황에서 보여지는 관계가 예시를 만들어내고 예시는 어떤 상황과의 관계에 따라 원래 역할에서 예외적인 기능을 한다.

로버트 벤투리가 그의 저서 『건축의 복합성과 대립성The

Complexity and Contradiction in Architecture, 1966』에서 주장하는 관점은 지금까지 살펴본 예시적 접근법의 특성과 일맥상통하는 부분이 상당히 많다. 벤투리의 건축에 대해서는 10장에서 더욱 자세히 알아보겠지만, 그는 건축의 역사를 예시의 백과사전처럼 취급하고 디자인 재료로 사용한다. 또 그는 예시들을 원래 속한 역사 환경에서 독립시켜 현재에 맞게 예외적으로 사용하기 때문에 예시들이 원래 속해있던 문화·역사적 배경보다는 하나의 이미지로서 의도한 의미를 소통하는 것이 더 중요하다. 이런 예시적 접근법의 '예외성'은 유형의 논리나 역사성에서 자유롭고 유연한 디자인 도구를 작가에게 제공하면서 동시에 과거 형태들이 주는 익숙함과 보편성을 보여준다.

92 Agamben, "The Signature of All Things", p.24
93 Plato, "Statesman", 278c.

지적 환경 조성

이번 장에서는 개별 예시가 갖는 명료성과 특수성보다 여러 예시를 사용하여 만들어내는 지적知的 환경에 대해 이야기할 것이다. 이것은 사회학자들이 어떤 사회현상을 설명할 때 종종 사용하는 방식으로, 그들은 사회에서 일어난 예시들을 어떤 신호로 생각하고 더 큰 변화를 읽으려 한다. 그리고 여기서 중요한 것은 예시의 개별성보다 다수의 예시가 만들어내는 집단 지성이다.

16세기 이탈리아 건축가 피로 리고리오 Pirro Ligorio, 1512~1583의 Antiquae Urbis Romae Imago[1561]는 건축에서 이런 기법을 매우 잘 사용하고 보여주는 사례이다. 여기에서 로마는 돔, 피라미드, 오벨리스크, 원형극장, 콜로세움 등 다양한 역사 유적예시들의 조합으로 표현되어 있다. 하지만 여기서 중요한 것은 이런 다양한 형태들의 구성이 아니라 그가 예시를 통해 로마라는 도시를 바라보는 관점이다. 그의 관점을 이해하려면 로마라는 도시가 유럽에서 갖고 있는 역사적 무게를 먼저 이해해야 한다. 대략 15세기부터 18세기까지 유럽의 신흥세력금융 가문부터 부르주아지까지은 종종 고대 로마가 보여주는 역사성에 집착해 왔다. 이유는 간단한데 그들에게 고대 로마 유적들은 화려했던 로마제국의 문화적, 정치적 영광을 재현하고 자신들의 권력에 권위를 부여해 주는 아주 좋은 도구였기에 과거의 영광을 간직한 이 형태들을 도시계획의 출발점으로 사용했다. 그리고 오랜 기간 로마라는 도시를 재개발하는 방식으로 자리매김한 이런 방법론을 Instauratio Urbis[94]라 불렀는데, 피로 리고리오 또

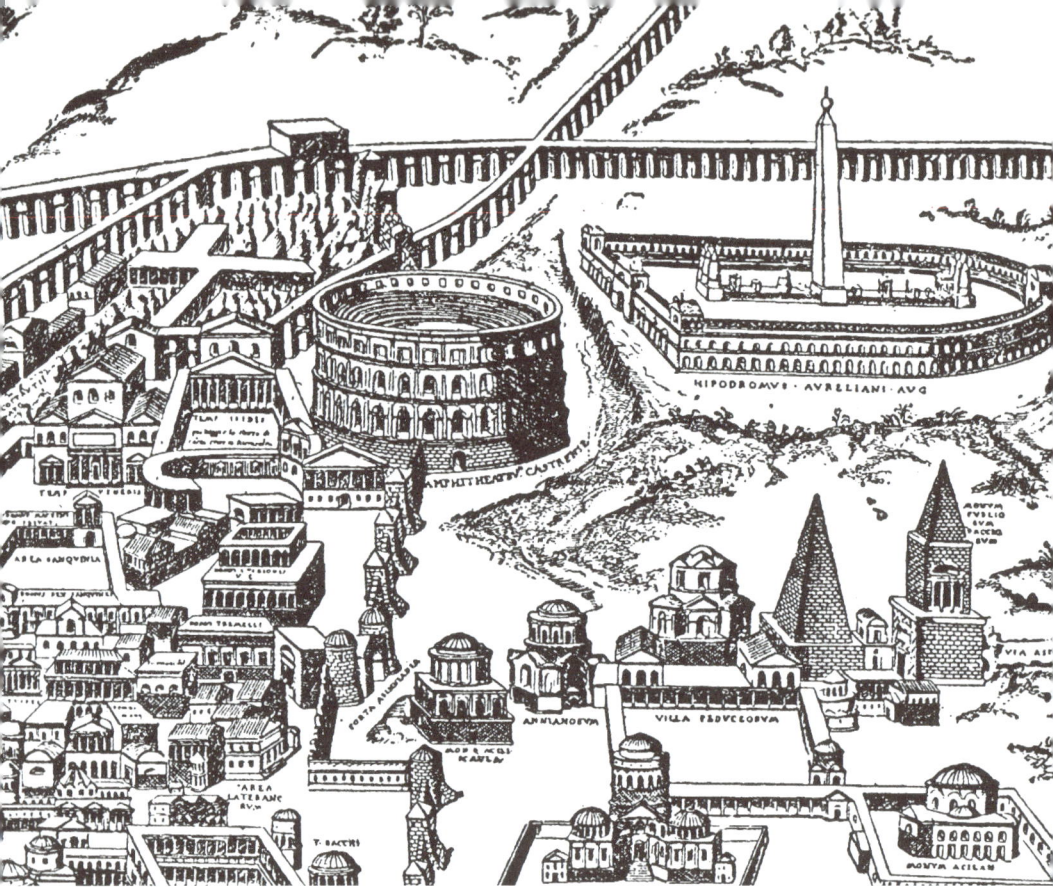

그림23 피로 리고리오의 Antiquae Urbis Romae Imago

한 Instauratio Urbis의 일환으로 Antiquae Urbis Romae Imago를 계획했으며 그의 발자취는 피라네시의 로마 경관도 Antichita Romane와 알도 로시의 유추의 도시 Citta Analoga까지 이어진다. 정리하자면, Antiquae Urbis Romae Imago에서 보여지는 예시들의 조합은 도시의 출발점이 기능, 조닝, 교통체계 같은 기술적이거나 경제적인 가치가 아니라 도시가 품고 있는 '잠재된 과거의 기억·역사'라는 지적 환경을 제공하는 것이다. 그리고 이러한 지적 환경은 한 프로젝트에 특수하게 적용되는 것이 아니라, 하나의 디자인 방법론으로써 보편적 적용이 가능하다.

이 장에서 말한 예시적 접근법의 특징인 '지적 환경 조성'은 실무와 맞닿아있는 디자인 방법론이라기보다 건축을 보는 '관점'이나 '철학'을 표현하는데 더 적합한 방식처럼 느껴질 수 있다. 하지만 프랑스 건축가이자 교육자 J. N. L. 뒤랑은 예시를 통한 '지적 환경 조성'과 '실질적 디자인 방법론' 두 마리 토끼를 모두 잡은 인물 중 하나인데 그의 건축에 대해서는 11장에서 자세히 살펴볼 것이다.

94 Aureli, "The Possibility of Absolute Architecture" 참조

10장
로버트 벤투리의 예시적 접근법

로버트 벤투리 건축의 배경

상황상 디자인 논리를 지킬 수 없다면, 논리는 유연하게 대응해야 한다. 이런 예외성과 불확실성이 건축의 묘미이다.[95]
로버트 벤투리

로버트 벤투리는 예시를 디자인 도구로서 적극적으로 사용한 인물이다. 그의 대표 저서 중 하나인 『건축의 복합성과 대립성』을 보면 그가 건축을 대하는 태도를 더 명확히 알 수 있다. 그림24

그림24 『건축의 복합성과 대립성』 속지 이미지

는 이 책의 속지인데, 그는 이 책을 방대한 양의 예시들을 모아 놓은 '건축 예시 사전'처럼 구성하고 있다. 그가 왜 이런 건축을 했는지 이해하려면 당시 시대적 상황을 먼저 살펴봐야 한다. 2차 세계대전 이후 유럽과 미국 모두 대규모 주택 공급을 위한 신도시 개발이 활발히 이루어졌는데, 참전 용사들에게 복지를 제공하는 일환으로 만들어진 미국의 레빗타운Levit-town, 그림25이 그 대표적인 사례이다. 이렇게 벤투리는 도시개발 같은 대규모 공공 프로젝트가 정부의 계획 아래 기계적으로 이루어지던 상황을 젊은 시절부터 목격하였고, 이 현상을 건축가가 개별 건물의 디자인만 신경쓸 수 있게 해주는 기회로 생각하였다.[96]

이런 상황에서 당시 문학작품을 비평하는 방식인 뉴크리티시즘New Criticism [97]은 벤투리의 건축에 완벽한 지적 배경을 제공하였다. 특히 뉴크리티시즘이 강조한 클로즈 리딩Close Reading 기법에서 큰 영감을 받았는데, 클로즈 리딩은 문학 혹은 예술작품을 평가할 때 그 어떠한 외부적인 요소역사, 경제적 배경 등를 고려하지 않고 오로지 그 작품의 내부 형태와 형식에만 집중하는 것이 특징이다. 이는 순수한 형식주의적Formalism 관점으로 모든 사물을 판단하는 것인데, 벤투리는『건축의 복합성과 대립성』에서 이 클로즈 리딩 기법을 건축에 적용하여[98] 예시들을 역사적 맥락으로부터 자유롭게 사용하였으며, 그에게 중요한 것은 예시 자체가 주는 '이미지'와 '소통 능력'이었다.

벤투리의 건축에서 또 다른 중요한 키워드는 '매너리즘Mannerism'[99]이다.『건축의 복합성과 대립성』에서도 자주 언급되는 매너리즘은 르네상스 전성기 이후부터 바로크 이전까지를 아

그림25 레빗타운 전경

우르는 양식으로, 형태를 이데올로기적·정치적 도구로 사용한 르네상스와 달리 2장 참조 오로지 형태의 표면적 화려함에 그 초점이 맞춰져 있다. 카시나 디 피오 Casina di Pio, 그림 26는 매너리즘 건축의 대표적인 예로, 형태의 조작과 발명에 대한 집착이 극단적인 수준까지 가면서 건축의 보편적, 소통적 가치는 형태의 화려함에 완전히 함몰되어 있다. 그리고 벤투리는 형태 자체에만 집중하는 매너리즘의 이런 태도는 정부 주도의 대규모 공공개발과 도시계획이 이루어지는 상황에서 오히려 건축가들에게는 유용한 자세라 여겼다.

클로즈 리딩 기법과 매너리즘의 효과를 현대 건축에 맞게 번역한 것이나 다름없는 벤투리의 『건축의 복합성과 대립성』은 건축 역사 전체를 디자인 예시의 모음집처럼 여기며, 그 예시들의 이데올로기적·문화적 배경을 건축 디자인 과정에서 배제한다. 이 때문에 그의 건축에서 돋보이는 것은 그림27 도면처럼 전체적인 유형의 '틀'이나 '형태구조'보다 각 부분·예시를 돋보이게 해주는 '관계'이다.

여러 부분의 대립은 의미를 만들어내기 때문에 한 건물에 불완전한 부분이 하나도 없다는 것은 완벽한 부분 또한 없다는 것을 뜻한다.[100]

로버트 벤투리

---

95 Venturi, "Complexity and Contradiction in Architecture", p.41
"When circumstances defy order, order should bend or break: anomalies and uncertainties give validity to architecture."
96 P.V. Aureli, AA School 강연, Theory and Ethos: Towards a Common Architectural Language (Part6) 참조
97 1930년대 후반에서 1950년대 후반에 이르기까지 주로 미국에서 왕성했던 문학 이론 및 문학 비평 방법론으로 세계적 파급효과를 미쳤다. '뉴 크리티시즘'이란 명칭은 1941년 미국 시인이며 비평가인 John Crowe Ransome이 바로 이 이름의 책을 내면서 공식화되었다, 위키피디아 의역, https://en.wikipedia.org/wiki/New_Criticism
98 P.V. Aureli, 2012년 AA School 강연, Theory and Ethos: Towards a Common Architectural Language (Part6) 참조
99 매너리즘(영어: Mannerism, 이탈리아어: Manierismo 마니에리스모[*])은 르네상스 미술의 방식이나 형식을 계승하되 자신만의 독특한 양식(매너 혹은 스타일)에 따라 예술작품을 구현한 예술 사조를 말한다. 후대에 이들의 미술을 '매너리즘'이라고 부르게 되었는데 이는 이들이 자신만의 개성적인 스타일에 따라 그렸기 때문이다. (출처: https://ko.wikipedia.org/wiki/매너리즘)
100 Venturi, "Complexity and Contradiction in Architecture", p.41
"A building with no "imperfect" part can have no perfect part, because contrast supports meaning. An artful discord gives vitality to architecture."

그림26 〈카시나 디 피오〉. 화려한 입면 장식은 형태구조와 독립되어 있다.

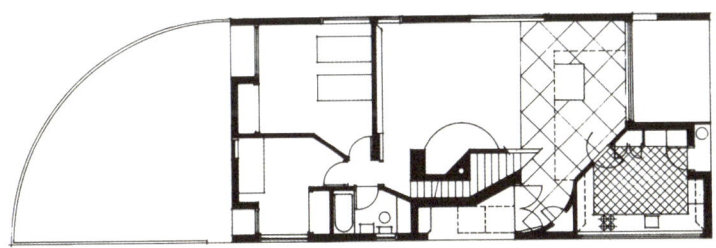

그림27 〈벤투리 하우스〉 평면도. 각 요소들의 독립성이 돋보인다

포용주의 Inclusivism

> 나는 건축가로서 내 습관에 의한 디자인을 지양하고, 과거와 사례를 통해 디자인하려 노력한다.101
>
> **로버트 벤투리**

앞 장에서 살펴본 바와 같이 벤투리의 건축은 예시를 디자인 재료로써 적극적으로 받아들인다. 이런 방법론은 1960년대 당시 데니스 스콧 브라운Denise Scott Brown, 1931~, 찰스 무어Charles Moore, 1925~1993 그리고 빈센트 스컬리Vincent Scully, 1920~2017 등의 건축가 및 이론가들 또한 사용하였는데, 이 같은 태도를 흔히 '포용주의Inclusivism'라 불렀다.102 특히, 벤투리에게 역사적 예시들은 그 사회·문화적 배경과 분리되어 언제나 재활용 가능한 기성품 같은 것이며, 이 과정에서 흥미로운 부분은 현재의 필요와 상황에 맞게 혹은 과거에는 상상할 수 없었던 방식으로 조합되는 예시의 예외성에 있다. 즉, 벤투리의 건축은 여러 과거 예시들의 독특한 조합을 한 장의 도면에 박제해 놓은 것이나 다름없기에 사용된 예시들은 역사의 연속성으로부터 자유로워지며 그가 만든 영원한 '현재'를 보여준다.

하지만 여기서 역사의 '연속성'을 거부했다는 것을 벤투리가 모더니즘 건축가들이 그러했던 것처럼 건축의 역사를 거부했다고 이해하면 큰 오해이다. 역설적이게도 건축 역사는 그에게 가장 중요한 지식·형태 저장소이며, 과거 예시들을 현재에 옮김으로써 이탈리아 건축·예술 이론가 만프레도 타푸리Manfredo Tafuri,

그림28 〈벤투리하우스〉 입면에는 다양한 고전 건축의 요소가 스케일이 왜곡되고 분절된 채 병치되어 있다.

1935~1994의 말을 빌리자면 '역사의 현실화Actualization of History' 라고 볼 수 있다.

　포용주의가 벤투리의 건축에 끼친 또 다른 효과는 유형학에서 중요했던 '형태구조' 즉, 전체적인 틀에 대한 이야기가 그의 건축에선 존재하지 않는다는 점이다.[103] 그래서 그의 건축은 논리와 전체적인 틀이 중요한 '구문론적syntactic'인 것이라기보다 개별 요소가 돋보이는 '의미론적semantic'인 것에 더 가깝다. 이러

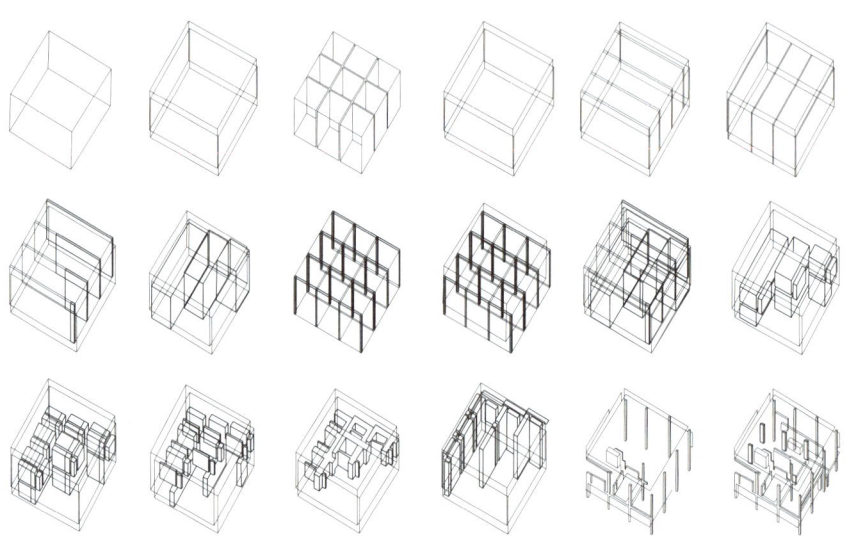

그림29 피터 아이젠만의 〈House2〉 프로세스 다이어그램

한 벤투리의 건축은 동시대 건축가이자 교육자 피터 아이젠만과 매우 대조적이다. 그림29에서 볼 수 있듯이 아이젠만의 건축은 영화를 만드는 과정과 비슷하다. 그는 일반적 형태general form에서 시작하여 자신이 정한 원칙에 따라 엄격하게 그 디자인 과정을 컨트롤하며, 원하는 결과가 나오지 않을 경우 타협하는 것이 아니라 중간 과정을 편집하여 본인이 원하는 결과물을 얻을 수 있는 시나리오를 짜낸다. 그러므로 아이젠만의 건축은 구문론적syntactic이며 디자인 발전 과정의 연속성을 극단적으로 엄격하게 유지시킨다. 반면에 벤투리의 건축은 수많은 예시가 차용되

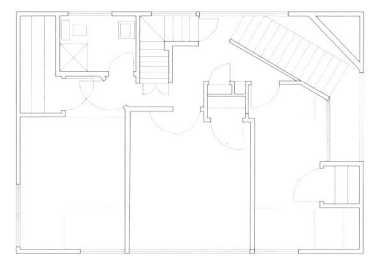

2층 평면도

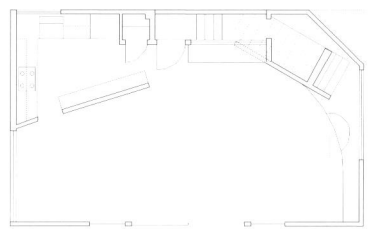

1층 평면도

그림30 〈트루벡 하우스〉, 로버트 벤투리 & 데니스 스콧 브라운, 1972

어 있어 영화의 몽타주montage기법이나 회화의 콜라주collage기법을 우리에게 연상시킨다. 우리는 '순수한 것보다 혼합된 것', '깔끔한 것보다 타협하는 것', '디자인된 것보다 관습적인 것'을 선호한다는 그의 주장을 통해 그의 건축을 더욱 확실히 이해할 수 있다.[104] 정리하자면 벤투리는 예시적 접근법 특징1에서 말한 '구체적인 것에서 구체적인 것으로' 움직이는 논리와 특징2의 '예외적인 것'의 논리를 건축에 사용하였다고 볼 수 있다. 그리고 그 결과적 효과인 포용주의와 역사를 존중하는 태도는 그의 건축을 새롭지만 보편적으로 느껴지게 해준다.

건축의 역사는 건축의 재료이다.[105]

알도 로시

101 Venturi, "Complexity and Contradiction in Architecture", p.13
"As an architect I try to be guided not by habit but by a conscious sense of the past – by precedent, thoughtfully considered."
102 Cohen, "Physical Context / Cultural Context: Including it all", Oppositions Reader 1973-1984, p.66
103 Cohen, "Physical Context / Cultural Context: Including it all", Oppositions Reader 1973-1984, p.66
104 Venturi, "Complexity and Contradiction in Architecture", p.16
"I like elements which are hybrid rather than "pure", compromising rather than "clean", distorted rather than "straightforward", ambiguous rather than "articulated", perverse as well as impersonal, boring as well as "interesting", conventional rather than "designed", accommodating rather than excluding, redundant rather than simple, vestigial as well as innovating, inconsistent and equivocal rather than direct and clear."
105 *"The history of architecture is the material of architecture."*

예시는 이미지다

과거가 현재에 빛을 비추지 못하는 것처럼 현재도 과거에 빛을 비추지 못한다. '이미지'만이 현재에 순간적으로 다가와 '지금'을 구성한다. '이미지'는 항상 변하는 '정지' 상태에 있다.[106]
발터 벤야민(Walter Benjamin, 1892~1940)

『건축의 복합성과 대립성』[1966]과 『라스베가스로부터의 교훈』[1972]은 벤투리의 건축관이 어떻게 변해가는지 정확히 보여주는 책들이다. 더 정확히 말하면, 『라스베가스로부터의 교훈』을 통해 벤투리는 『건축의 복합성과 대립성』에서 다루었던 몇 가지 건축적 가치를 발전시켰는데 이 중 가장 눈에 띄는 부분은 건축의 '이미지'와 '메시지'에 대한 내용이다.[107] 여기서 이미지와 메시지는 어떤 숨은 뜻이 있는 개념이 아니다. 말 그대로 건축가들은 형태나 디자인 프로세스보다 눈에 보이는 '이미지'와 그 이미지가 전달하는 '메시지'에 집중해야 한다고 『라스베가스로부터의 교훈』에서 주장하는데[108] 이는 '아는 것'보다 '보이는 것'에 더 귀 기울여야 함을 의미한다. 그리고 이런 '상징주의Symbolism'적 태도를 건축에 사용하기 때문에 벤투리와 스콧 브라운에게는 건축물 혹은 특정 건축 요소가 상징하는 바가 배경 역사나 공간보다 중요하다.[109]

여기서 '이미지'에 집중하는 건축의 역사에 대해 간단히 알아보자. 르네상스 시대부터 줄곧 '안과 밖 사이의 관계'는 서양 건축에서 아주 중요한 이슈 중 하나였는데 2장에서 설명한 것처럼 건축물이 도시 및 대중과 소통할 수 있는 가장 중요한 매체인 '입면Facade'은 단순한 건물의 외피나 장식이 아니라 도덕·윤리적 가치를 '이미지'로서 보여주고 소통했다. 반면 모더니즘 건축에서 입면은 내부를 그대로 드러내야 한다는 윤리적 강박 때문에 안과 밖이라는 이분법적 개념을 거부하는 '이미지'를 보여주기 위해 노력하였고 외부는 곧 내부를 드러내는 결과물일 뿐이었다. 하지만 벤투리와 스콧 브라운은 이런 모더니즘의 강박을 거부하였다. 그들에게 '입면'은 건축물의 다른 부분들형태, 구조 등과 독립된 요소로 건축가가 자유롭게 조작할 수 있는 이미지 혹은 언어 같은 것이었다. 이 측면은 전 장에서 말한 매너리즘과 맞닿아 있는 부분으로 볼 수 있다.

이런 맥락에서 『라스베가스로부터의 교훈』에서 소개된 '장식된 헛간Decorated Shed 그림31'은 소통하는 건축을 잘 보여주는 개념이다. 그들에게 '장식Decoration'은 상징Symbol이고, 상징은 곧 '이미지'이기에 건축의 내용을 가장 효율적으로 소통하는 것은 형태나 형태구조가 아니라 공간과 독립되어 자유롭게 조작 가능한 '입면'이었다. 이미지에 대한 벤투리와 스콧 브라운의 태도는 다음 인용문을 통해 더욱 정확히 알 수 있다.

우리는 이미지를 형태나 프로세스보다 더 중요하게 생각한다. 왜냐하면, 건축은 과거의 경험과 감성에 의존하지만 형태나 구조, 기능 등은 이와 모순될 경우가 많기 때문이다.[110]
『라스베가스로부터의 교훈』

그림31 장식된 헛간(Decorated Shed) 개념, 공간에서 독립된 간판의 중요성을 보여준다.

결국 건축에서 이미지는 오해와 해석의 여지가 적으며, 입면을 통해 가장 쉽게 표현되는 소통매체라고 볼 수 있다. 그리고 이같은 특성은 예시의 구체성과 맞닿아 있으며 벤투리가 사용하는 예시들은 즉각적이고 효율적 소통을 위한 '이미지'들이라 볼 수 있다. 정리하자면 그의 두 저서에서 벤투리는 평면이건 입면이건 예시들을 '이미지'처럼 취급하며 이들을 유형적 형태구조에 얽매이지 않고 자유롭게 조합한다. 벤투리의 이런 예시적 접근법은 유형학의 무거운 짐인 '역사성'과 '연속성'에서 건축 디자인을 자유롭게 해주지만 동시에 이런 예시·이미지는 우리에게 익숙하고 이미 존재하는 것이기에 보편성을 갖고 있다. 벤투리처럼 익숙한 이미지를 독특하게 조합함으로써 새로운 시대와 문화에 적합한 보편성을 재생산하는 것은[111] 보편적 건축을 위해 건축가가 할 수 있는 일 중 하나일 것이다.

소통은 건축에서 공간보다 더 중요한 요소이다.[112]
『라스베가스로부터의 교훈』

106 Benjamin, Arcades Project, p.462
"It's not that is past casts its light on what is present, or what is present its light on the past; rather, image is that wherein what has been comes together in a flash with the now to form a constellation. In other words, image is dialectics at a standstill."
107 Jacoby, The Reasoning of Architecture, p.272
108 Scott-Brown, Venturi & Izenour, Learning from Las Vegas, p.87
109 Jacoby, The Reasoning of Architecture, p.272
110 Venturi, Scott-Brown, Izenour, "Learning from Las Vegas", p.87
"We shall emphasize image – image over process or form – in asserting that architecture depends on its perception and creation on past experience and emotional association and that these symbolic and representational elements may often be contradictory to the form, structure, and program with which they combine in the same building."
111 Venturi, "Complexity and Contradiction in Architecture", p.43
112 Venturi, Scott Brown, Izenour, "Learning from Las Vegas", p.8
"Communication dominates space as an element in the architecture…"

그림32 『라스베가스로부터의 교훈』의 속지. 이미지·예시를 통해 소통의 중요성을 보여준다.

11장
J.N.L. 뒤랑의 예시적 접근법

예시 사례 조사

해부학에서 그러한 것처럼 뒤랑은 건물들을 분해하여 각 부분들을 분석의 대상으로 여긴다.[113]
알레한드라 셀레돈(Alejandra Celedon)

프랑스 건축가이자 교육자 장 니콜라 루이 뒤랑Jean Nicolas Louis Durand, 1760~1834은 건축을 과학적이고 실증주의적인 측면에서 접근하여 근대건축의 정신적 기틀을 마련한 사람이다. 그가 가르치던 에콜 드 폴리테크닉Ecole de Polytechnique에서의 강의를 모아 만든 저서 『Précis Des Leçons』1802~1805는 전 페이지 인용문과 도판그림33처럼 건축을 철저히 수량화할 수 있는 부분들로 분해한다. 이렇게 도출해낸 각 부분들은 모두 이미 존재하는 건물에서 추출해낸 예시들이었는데, 그는 이 예시들을 통해 조립식 레고처럼 효율적이고 빠른 건축 디자인 방법론을 소개했다.

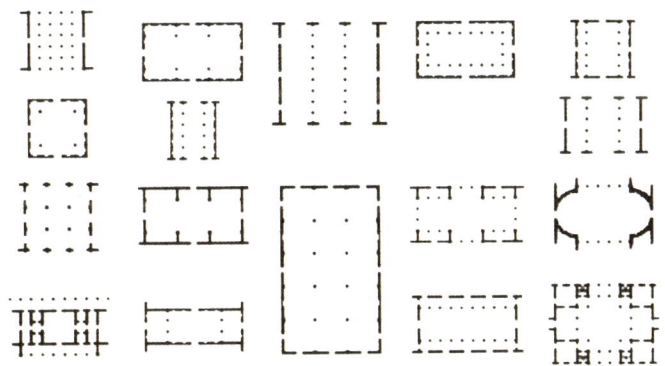

그림33 뒤랑의 『Précis Des Leçons』에서 보여주는 '현관' 예시들

133

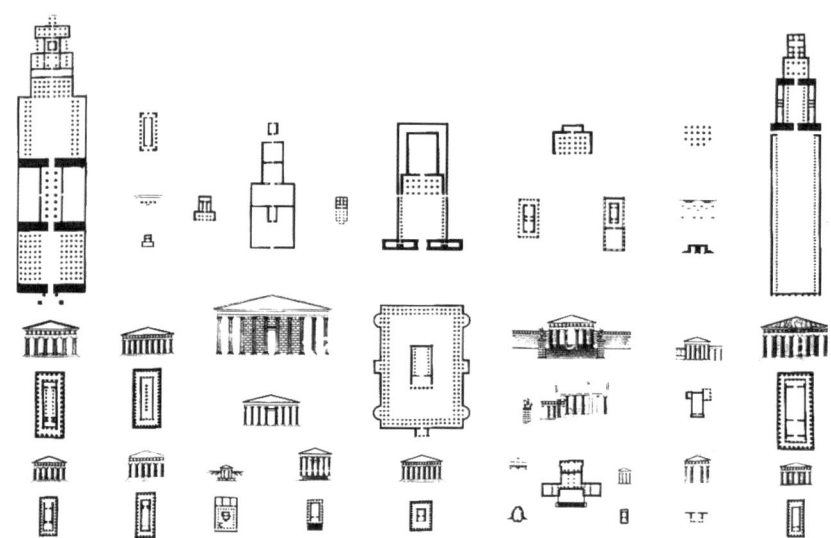

그림34 『Recueil et Parallele』의 이집트 사원 예시들

하지만 '분해'와 '조합'이 가능하려면 비교·분석이 선행되어야 하기 때문에 그의 방법론에서 중요한 것은 분해를 통해 얻은 무미건조한 예시들의 도판이 아니라 오히려 건축 역사 전체와 다양한 문화권의 예시들을 비교·분석할 수 있는 '지적' 환경이었다. 이런 맥락에서, 뒤랑이 먼저 쓴 저서 『Recueil et Paralle』[1801]이 엄청난 양의 예시들을 각 기능별로 보여준 것은 『Précis Des Leçons』의 아주 적절한 예고편이었다. 그림34는 다양한 지역과 문화의 신전들을 같은 축적의 도면으로 보여주는 도판인데, 이를 통해 뒤랑은 한 기능에 대한 다양한 사례를 자연스럽게 모을 수 있었다. 이 방대한 데이터를 비교·분석한 후에야 그는 건축을 각 요소로 해체하고 조합할 수 있는 자신감과 유연함을 보여줄

수 있었다. 그리고 이 '해체와 조합'은 뒤랑의 사례조사가 만든 가장 중요한 효과이자 '지적' 환경이다.

 지금까지 간략하게 살펴본 뒤랑의 사례조사 효과는 일반적인 건축 실무에서의 그것과 차이가 있다. 설계를 시작할 때 우리는 흔히 사례조사를 하는데, 보통 주어진 프로그램에 관한 다양한 건축적 해법을 알아보기 위함이지만, 그 과정에서 건축가들은 특정 해법, 형태 혹은 이미지에 직관적인 끌림을 갖기 쉽다. 이런 방법론은 이미 존재하고 잘 작동했던 예시를 디자인의 출발점으로 삼기 때문에 가장 안정적인 디자인 방법 중 하나라고 볼 수 있다. 하지만 이런 방식은 한가지 불가피한 단점을 갖고 있는데, 한 예시가 주는 '이미지'나 '형태'를 건축가의 직관적인 판단과 취향에 의해 고르게 될 수 있다는 점이다. 물론 경험이 쌓이면 이런 직관을 통해 더 좋은 디자인을 뽑을 수 있는 확률은 높아지겠지만, 경험이 많으면 항상 더 나은 결정을 한다는 논리가 사실이 아니라는 것은 건축뿐 아니라 역사가 증명 해주기 때문에 '경험에서 오는 직관'이 설계 과정의 '첫수'를 결정짓거나 더 나은 안을 뽑는 유효한 가치판단 기준이라 말하기는 어렵다. 이런 맥락에서 뒤랑의 사례조사는 예시를 통해 해체와 조합이라는 '지적 환경'을 조성하여 자신의 건축관을 논리적으로 제시할 수 있는 방법 중 하나라 볼 수 있다.

---

113 Celedon, Plan as Eidos, p.5
"In a similar vein as anatomy, in Durand's method, buildings were dissected, opened and decomposed in their many parts, treated as forensic evidence in which each part was the object of analysis."

역사적 배경

앞 장에서 말한 뒤랑의 '조합식' 건축을 더 정확히 이해하려면 그가 활동한 18세기 말엽 상황을 알아야 한다. 서양 건축의 주 무대는 로마부터 르네상스까지 천 년이 넘는 기간 동안 지금 우리가 '이탈리아'라고 알고 있는 지역이었는데, 당시 이탈리아는 하나의 국가가 아닌 여러 귀족 가문이나 길드 권력으로 분열된 도시들의 집합이었다. 하지만 18세기에 들어서면서 '국민 국가 Nation State'[114] 라는 개념이 새로운 통치체제로 자리잡기 시작했고 이 변화의 중심에 있던 프랑스는 이 시점부터 서양 건축의 주 무대가 되었다. 통치체제의 변화와 건축이 무슨 연관이 있길래 건축의 주 무대가 옮겨간 것일까?

우선 국민 국가의 가장 큰 과제는 하나의 도시가 아닌 국가 전체를 통치할 수 있는 시스템을 만드는 것이었는데 이 과정에서 건축은 중요한 역할을 하면서 동시에 지금까지도 회복하지 못한 타격을 입는다. 건축의 역할이 중요한 이유는 중앙권력이 공공의 환경을 구성하고 공공과 소통할 수 있는 가장 기본적인 언어가 건축이기 때문이다. 하지만 국민 국가의 또 다른 효과는 사회가 종교같은 초월적인 가치체계에서 벗어나 세속화 secularization 되기 시작했다는 것이다. 쉽게 말해 국민 국가의 발달은 사회 전체를 지배하는 정신적 기틀이 종교에서 경제로 넘어가는 계기가 되었고 이는 훗날 부르주아지 계급을 탄생시키는 배경이 된다.[115] 여기서 국민 국가의 발달이 왜 '경제'라는 개념의 대두와 연관이 있는지 궁금할 수 있는데, 둘 사이 관계에 대한 단서는 '경제'의 어

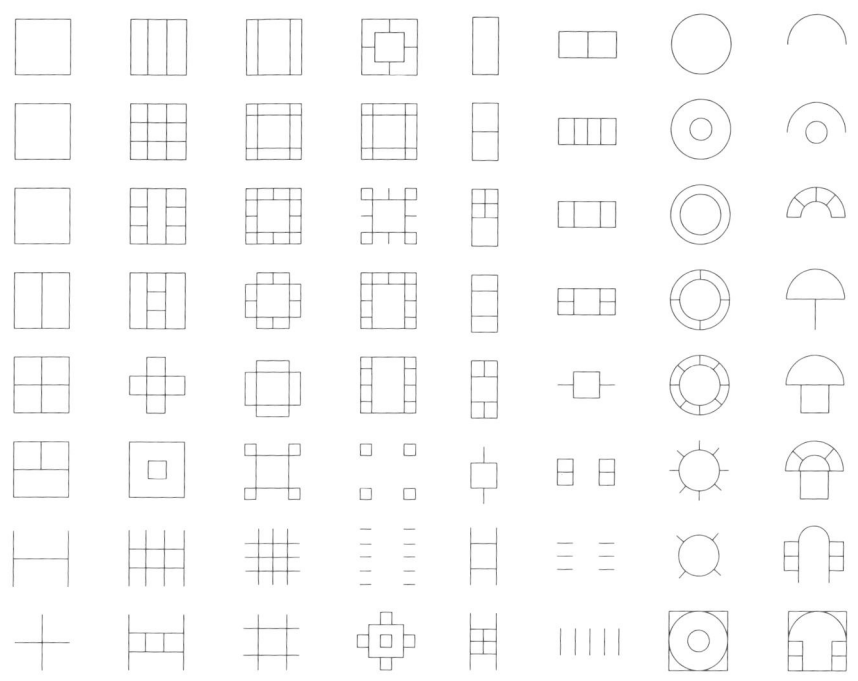

그림35 다양한 '구성'을 보여주는 예시들

원에서 쉽게 알 수 있다. 경제를 뜻하는 영어 단어 Economy의 어원은 그리스어 Oikos로 '집', '집안 살림household management'을 뜻한다. 즉, 경제는 지금 우리가 아는 것처럼 '돈'에만 관련된 것이 아니라 '관리'를 뜻하는 개념인 것이다. 그러므로 넓은 지역의 복잡해진 사회구성원을 효율적인 법과 정부 체계를 통해 '관리'해야 유지될 수 있는 국민 국가에게 '경제'라는 개념은 필수적일 수 밖에 없고 경제적인 사고의 가장 보편적 소통 매체는 바

그림36 J.N.L. 뒤랑과 『Précis des leçons d'architecture données à l'École Polytechnique』

로 '돈'이었다. 이때까지 전통적으로 건축가는 왕, 교회 등 권력을 위한 특수한 건물을 설계하고 이들의 정치적 힘을 재현했다. 하지만 학교, 법원, 시장 등 공공의 관리를 위한 경제적 기능의 등장 및 공공주택에 대한 투기적 개발은 건축을 '관리', 즉 경제적 효율성톤을 위한 도구로 바꿔버렸다.[116] 이런 변화 속에서 고전 건축은 더 이상 사회적 이데올로기나 정치적 상징을 재현할 수 없었고 현실 세계와 동떨어진 공허한 이상이 되었다. 당시 사람들은 점점 더 종교에서 벗어난 실증주의적인 태도를 모든 학문과 행위로부터 기대하게 되었고 대혁명을 전후로 프랑스는 이런 변화의 중심에 있었으며 뒤랑의 활동 시기는 이 변화와 정확히 겹쳤다. 자연스럽게 그는 새로운 시대상에 맞는 실증주의적인 태도에 기반하여 건축 지식 및 디자인을 경제적으로 생산하고자 하였고 그 결과는 바로 앞 장에서 본 것과 같이 수많은 예시들을 해체하고 조합하는 접근법이었다. 하지만 이는 벤투리의 조합법과는 차이가 있는데, 다음 장에서는 그의 건축 철학에 대해 좀 더 자세히 알아보겠다.

[114] 국민 국가는 국민(문화적인 주체)에게 주권적인 영토를 제공하기 위하여 존재하며 그러한 목적이 국민 국가의 정당성의 원천이다. 이를 위해 단일 국가의 형태를 가지며 통일된 법과 정부 체계를 갖춘다. 베버적 국가 개념인 국민 국가는 주권적공동체로서 국가 위에 다른 권력이 존재하지 않으며, 합법적으로 폭력을 독점하고 국민을 결속시키는 자율적 존재이다. (출처: 한국 위키피디아)
[115] P.V.Aureli, 2012년 AA School 강연, Theory and Ethos: Towards a Common Architectural Language, Part4 참조
[116] Picon, "Poetry of Art" to Method: The Theory of Jean-Nicolas-Louis Durand, p.16

지적 환경: 구성 Composition

뒤랑이 생각하는 유형학은 바로 사용할 수 있는 해답지 같은 것이 아니라, 건축가들이 다양한 문제들에 익숙해질 수 있도록 도와주는 분류체계이다.[117]
앙트완 피콩(Antoine Picon, 1957~)

앞에서 살펴본 것처럼 국민 국가의 발달은 사회의 세속화를 야기시켰다. 그 과정에서 '신'이나 '자연'같은 절대적 가치들은 경제와 시장논리에 의해 대체되었는데 이런 보편적인 가치체계의 혼란 속에서 '취향taste'은 개인적인 판타지와 소비consumerism를 정당화할 수 있는 개념으로 부상하였다.[118] 그리고 뒤랑은 이 '취향'을 대체할 수 있는 건축의 보편적 가치판단 기준을 '구성composition'이라는 개념에서 찾았다. '구성'은 『Précis Des Leçons』에서 그의 건축 개념을 가장 잘 표현하는 키워드로 두 요소 간 긴장 관계를 통해 정의되는데 하나는 '무엇what'이 전체를 구성하는지에 대한 물음이고, 또 다른 하나는 '어떻게how' 전체가 구성되어지는가에 대한 물음이다.[119] 즉, 전자는 전체를 구성하는 '단위'에, 후자는 '조합 방식'에 그 방점이 있다고 볼 수 있는데, 구성이라는 개념의 가장 흥미로운 점은 바로 이 긴장 관계가 만들어내는 전체와 부분 사이의 명확한 '분리'에 있다. '분리'를 위해서는 결국 특정 가치판단 기준에 의한 '결정'이 내려져야 함을 의미하며, 뒤랑의 경우 이미 그 존재 가치가 증명된 예시라는 '사실'이 그 기준이라 볼 수 있다. 즉, 뒤랑에게는 역사적 예시들을 분석하여 필요한 부분을 얻는 과정 자체가 '취향'을 대신할 건축의 보편적인 가치였던 것이다. '분리'를 위해 필요한 또 다른 중요한 측면은 바로 '분석analysis'이다. 예를 들어, 엔지니어나 과학자들은 복잡한 현상을 차근차근 풀어나가기 위해 분석을 하는데, 여기서 중요한 목적은 그들이 풀어야 할 문제들을 찾아내고 순서대로 배열하여 문제 해결 과정을 효율적으로 만드는 것에 있다.[120] 그렇다면 뒤랑은 건축물을 말 그대로 '분석적'으로 사고한 사람이다. 그는 건축물의 각 요소들과 그 요소들의 구성 방식을 사례별로 분석하여 건축 디자인의 과정을 효율적으로 만들기 위해 노력하였다. 즉, 그는 '분석'의 특성을 건축에 도입하여 새로운 사회에서 보편적으로 받아들여질 건축 디자인 방법론을 세운 것이다. 정리하자면 그는 고전 건축의 '재현'에서 벗어난 '실증주의적인positive 건축'을 부분예시의 조합이라는 방법을 통해 보여주었고, 그에게 가장 중요한 건축적 가치는 부분의 가장 합리적이고 효율적인 조합법인 '구성'이었다.

하지만 다양한 역사적 예시를 조합하여 지적 환경을 조성하는 것이라면 9장에 설명한 피로 리고리오의 Imago나 피라네시의 Campo Marzio와 크게 다른 점이 없어 보일 수 있다. 여기서 뒤랑의 차이점은 그가 사용하는 축Axis과 그리드Grid에 있다. 그림37은 뒤랑이 축과 그리드를 어떻게 사용하는지 잘 보여주는데 도판 왼쪽 위와 아래 그림에서 볼 수 있듯이 뒤랑에게 축은 공간의 중심이며 그리드는 기둥과 벽의 효율적 배치를 위한 가이드이다. 축과 그리드는 뒤랑에게 건축 디자인의 오토파일럿자동조종장치 같은 것으로 예시를 '조합하는 방식'에 효율성과 경제적 논

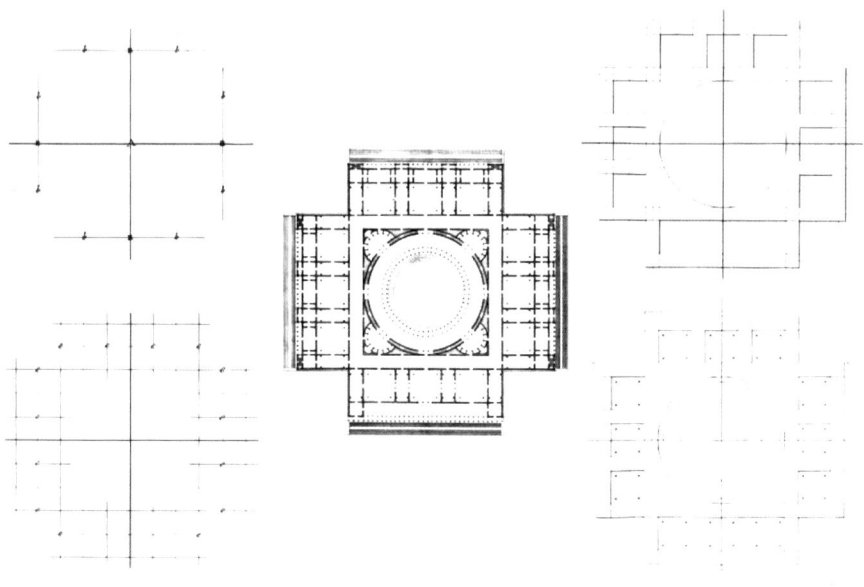

그림37 J.N.L. 뒤랑의 『Précis Des Leçons』에서 보여주는 축과 그리드를 통해 디자인하는 효율적인 방법.

리를 제공한다. 그리고 이 점이 피로 리고리오나 피라네시의 예시적 접근법으로부터 뒤랑이 갖는 가장 큰 차이점이다. 축과 그리드를 통해 뒤랑이 시도한 부분들의 조합은 앞서 말한 세속화된 사회가 원하는 경제적 가치와 합리적인 사고방식 모두를 건축에 녹여낸 의미있는 시도였다. 뒤랑에게 축과 그리드의 사용을 가능하게 만들어준 지적 환경은 역사적 예시들에 대한 철저한 분석과 해체 그리고 구성이라는 예시적 접근법이다. 무미건조하고 기계적으로 보이는 그의 도판들과 방법론은 '예시'라는 그 구성요소가 만들어내는 친숙함과 명확성에 의해 사회·문화적으로 중요한 의미를 가지며, 그의 시대적 배경을 이해하고 나면 뒤랑의 건축을 기계적이라 간단히 비판할 수 없다는 것을 알 수 있을 것이다.

뒤랑에게 '부분'은 그 물리적 형태가 중요한 것이 아니라 '부분'이라는 아이디어 자체가 더 중요하다. 원래 속해있던 곳에서 추출된 '부분'은 독립적으로 존재할 수 없고 항상 '조합'되어야 하기 때문이다.[121]

알레한드라 셀레돈

---

117 Picon, "Poetry of Art" to Method: The Theory of Jean-Nicolas-Louis Durand, p.45
"The typology that Durand has in mind is not a catalog of immediately applicable solutions but a system of classifications that makes it possible to familiarize oneself with the various problems that may turn up in practice…"
118 Vidler, "The Idea of Type" 참조
119 Aureli, "The Possibility of Absolute Architecture", p.165
120 Picon, "Poetry of Art" to Method: The Theory of Jean-Nicolas-Louis Durand, p.42
121 Celedon, "Plan as Eidos", p.4
"…Durand's elements start to exist as a condition, as an idea or typology, rather than in their physical or concrete existence. Abstracted from their external reality, each case is deprived of its autonomous existence and therefore begins operating only in relation to a collective idea…"

12장
건축 디자인의 출발점: 유형적·예시적 접근법

지금까지 '유형'과 '예시'라는 개념을 통해서 건축을 생각하고 디자인하는 방식에 대해 알아보았다. 이런 주제에 대해 글을 쓰게 된 주된 이유는 작가나 클라이언트의 주관적 취향에 의해 흔들릴 수 있는 '디자인 과정'을 좀 더 합리적이고 보편적인 틀에서 설명하고 싶었기 때문이다. 그리고 결과적으로 디자인 과정을 보편적인 논리에 의거하여 설명할 수 있다면 대중들과도 좀 더 건강한 토론이 가능하다고 믿었다. 이 '보편적 건축'을 조금이나마 성취하기 위해서 세 가지 과제가 있었다. 첫 번째로 디자인 과정에서 가장 임의적이라 볼 수 있는 '첫수'가 정해지는 과정을 최대한 합리적으로 설명할 수 있을 것, 두 번째는 그 '첫수'를 구체화시키는 과정에 일관된 논리가 있을 것, 그리고 마지막 과제는 이 모든 것을 보편적으로 소통할 수 있는 건축 개념으로 묶는 것이었다.

건축 및 예술 이론가 비들러는 건축 디자인의 첫수를 세 가지 유형으로 정리했다.[122] 첫 번째는 프랑스 성직자였던 로지에 Abbe Laugier, 1713~1769의 '원시 오두막 Primitive Hut' 개념으로, 그는 건축의 시작을 자연이라고 봤다. 이 당시 자연은 '신'의 창조원리 즉 비례, 기하학 등을 뜻했다. 두 번째는 산업 배경이 곧 건축의 출발점이 된다는 개념인데 재료나 건설 기술 등이 건축 디자인의 출발점을 좌지우지한다는 뜻이다. 르코르뷔지에의 메종 돔이노 Maison Dom-ino, 6장 참조는 이 같은 태도를 대표하는 유형이다. 마지막은 알도 로시 같은 건축가가 주장한 것처럼 도시환경 자체를 건축 형태의 집합소로 보고 디자인의 출발점으로 삼는 개념이다. 이 세 가지 개념 모두 합리적 과정을 통해 첫수가 선택되어졌고, 나름대로 보편적인 논리 안에서 그들의 건축을 설명하였

그림38 로지에의 원시오두막

다.¹²³ 하지만 한 가지 아쉬운 점은 바로 이들의 아이디어가 실질적인 건축물로 실현되는 과정의 임의성에 있었다. 르코르뷔지에의 Ville Contemporaine^{300만을 위한 도시}를 구성하는 건물들의 형태를 보면 메종 돔이노의 담백함과 명료함은 찾아볼 수 없고 다양한 유형·예시들을 조합해 놓은 개인적 선택이 돋보이며, 특히 알도 로시의 경우 초창기 몇 작품을 제외하고는 주관적인 스타일이 매우 강한 건축을 하였으며 합리적인 건축에 대한 열정은 그의 건축에서 찾기 힘들게 되었다.¹²⁴

보편적 건축에서의 임의성 문제에도 불구하고, 앞서 언급한 세 가지 과제를 충족시키기 위해서는 '유형적 접근법'과 '예시적 접근법'의 상보성이 필요하다. '유형적 접근법'을 통해 사회·문화적으로 적합한 포괄적·추상적 형태구조를 건축 디자인의 '첫수'로 이용할 수 있으며, '예시적 접근법'을 통해 유형에 구체성을 부여하는 과정을 우리에게 익숙한 지식체계 안에서 가져갈 수 있다. 마지막으로 유형과 예시의 역사성은 이 모든 과정을 보편적으로 소통할 수 있게 도와준다. 이런 이유에서 유형과 예시는 건축 디자인의 출발점으로 항상 유효한 가치를 가져왔으며 앞으로도 그러할 것이다.

건축 지식은 보편적이고 이해하기 쉬워야 한다. 잘 이해되고 소통된다면 건축은 인류와 사회에 수많은 혜택을 가져다 주는 예술 중 하나이기 때문이다.[125]
샘 저코비

---

[122] Vidler, "Third Typology", p.13, Oppositions Reader
[123] 로지에는 "Essay on Architecture", 르코르뷔지에는 "Towards an Architecture", 로시는 "The Architecture of the City", 이 저서들 모두 자신들이 생각하는 건축의 출발점을 설명하고 '책'이라는 매체를 통해서 소통을 했다.
[124] P.V.Aureli, 2012년 AA School 강연, Theory and Ethos: Towards a Common Architectural Language, Part6 참조.
[125] Jacoby, The Reasoning of Architecture, p.78
"Architectural knowledge ought to be general and accessible as 'an art that brings such great and manifold benefits to humanity and to society when well understood…"

닫는 글

어떤 일의 '철학적 측면'은 그 일이 '발전할 가능성'이라고 독일 철학자 루트비히 포이어바흐 Ludwig Feuerbach, 1804~1872는 말했다. 이런 맥락에서 건축계에 만연한 '이론theory'과 '실무practice'의 괴리는 안타까운 현실이다. 이론은 현실과 동떨어진 탁상공론일 뿐이라며 실무자들에게 비판받고, 건축 실무자들은 소위 시장에 먹히는 디자인을 할 뿐이라며 학계의 비판을 받는다. 하지만 건축이라는 학문의 이론적·철학적 배경이나 역사를 모른다면 우리는 좋고 나쁨을 얘기할 기준을 가질 수 없다. 그리고 그 기준이 없이 일한다면 건축가는 그저 시장이 원하는 것을 만들어 주는 데 급급한 직업이 될 뿐이다. 마찬가지로 건축에 대한 '철학적' 지식이 있다고 너무 현학적이고 이상적인 개념 뒤에 숨어, 건축이라는 학문의 최전선인 건축 실무환경을 비판하는 것 또한 온당치 못하다.

theory이론의 어원은 그리스어로 '관점'을 뜻한다. 즉, '철학적 측면', '이론' 같은 개념들은 현학적이고 어려운 개념이 아니라 오히려 어떤 일의 발전 가능성과 각자가 그 일을 생각하는 관점이라 볼 수 있다. 그러므로 어떤 의미에서 우리 모두 철학자와 이론가가 될 수 있다. 하지만 현재 건축은 그 철학적 가치에 대한 열정을 잃어가고 있으며, 새로운 디지털 기술과 시장 논리에 휩쓸리고 있다. 그리고 이 흐름을 거스르기에 건축가는 자신의 직업을 유지하기조차 힘든 것이 현실이다. 그럼에도 불구하고 "디자인 이론을 구축하는 것은 건축학의 첫 번째 목표이며, 디자인 이론의 구축은 모든 건축의 가장 중요하고 창조적인 순간이다."[126]라는 알도 로시의 말처럼 나름의 디자인 이론을 구축하는 것은 건축이라는 학문을 발전시킬 가장 중요한 과제다. 이런 의미에서 비트루비우스가 건축가의 첫 번째 덕목으로 '글쓰기'를 말한 것은 우연이 아닐 것이다. '글'이 자신의 디자인을 합리화Post-Rationalize하는 도구라고 생각하면 큰 오해다. 어찌 보면 '글'이야말로 건축 지식을 디자인보다 더 보편적으로 소통할 수 있는 매체이기 때문이다.

    건축은 단순히 '디자인'이 아니라 일종의 철학으로서 세상을 생각하는 방식 중 하나다. 그렇기 때문에 더더욱 건축학은 건물을 디자인하고 짓는 것을 넘어 다양한 매체를 통해 우리가 사는 공간과 환경에 대한 '생각을 짓는 활동'이라고 할 수 있다. 이렇게 구축된 생각들은 우리를 둘러싼 주변 환경의 '철학적 측면' 즉, 그 발전 가능성을 우리에게 이야기해 줄 것이며, 따라서 건축가의 가장 중요한 과제 역시 사고의 구축술이라고 할 수 있다.

---

[126] Rossi, "Architecture of Museums", p.15
"The creation of a design theory is the first objective of an architectural school for all other types of research. A design theory is the most important and creative moment of every architecture."

참고 문헌

- Alan Colquhoun, 「Typology and Design Method」, Perspecta 12, 1969
- Aldo Rossi, 「Architecture for Museums」, in Aldo Rossi: Selected Writings and Projects, ed. by John O'Regan, et al (London: Architectural Design, 1983), pp. 14-21
- Aldo Rossi, 「Architecture of the City」, MIT Press, 1966
- Aldo Rossi, 「Scientific Autobiography」, MIT Press, 1981
- Alejandra Celedon, 「Footprints」, ARQ, 2016, p.68-79
- Alejandra Celedon, 「The Plan as Eidos: Bramante's Half-Drawing and Durand's Marche」, 2014
- Anthony Vidler, 「The Third Typology and Other Essays」, Artifice Books on Architecture, 2014
- Aristotle, 「Prior Analytics」, United Kingdom: Hackett, 1989
- Claude Perrault, 「Ordonnance for the Five Kinds of Columns after the Method of the Ancients」, trans. by Indra Kagis McEwen, Getty Publications, 1993
- George Kubler, 「The Shape of Time」, Yale University Press, 1962
- Giorgio Agamben, 「The Signature of All Things」, Zone Books, 2009
- Giulio Carlo Argan, 「On the Typology of Architecture」, in 「Architectural Design」, 33 (1963), p.564-65
- Gottfried Semper, 「Science, Industry, and Art: Proposals for the Development of a National Taste in Art at the Closing of the London Industrial Exhibition」, trans. by Harry Francis Mallgrave and Wolfgang Herrmann, in The Four Elements of Architecture and Others Writings, MIT Press, 1984, p.130-67
- Gottfried Semper, 「Structural Elements in Assyrian-Chaldean Architecture」 in 「Gottfried Semper, In Search of Architecture」, MIT Press, 1984, p.204-18
- Indra Kagis McEwen, 「Vitruvius: Writing the Body of Architecture」, MIT Press, 2002
- J.N.L. Durand, 「Précis of the Lectures on Architecture: with Graphic Portion of the Lectures on Architecture」, Getty Publications, 2000
- Jean-Pierre Vernant, 「Myth and Thought among the Greeks」, Zone Books, 2006
- Karl Marx, 「Grundrisse: Foundations of the Critique of Political Economy」, Penguin Classics, 1993
- Leon Battista Alberti, 「On the Art of Building in Ten Books」, MIT Press, 1988
- Luigi Mazza, 「Plan and Constitution - Aristotle's Hippodamus: Towards an Ostensive Definition of Spatial Planning」, The Town Planning Review, Vol. 80, No. 2, 2009, p.113-141
- Marina Lathouri, 「The City as a Project: Types, Typical Objects and Typologies」, Architectural Design Vol.81, Issue 1, Special Issue: Typological Urbanism: Projective Cities, p.38-45
- Mary Louise Lobsinger, 「That Obscure Object of Desire: Autobiography and Repetition in the Work of Aldo Rossi」, Grey Room (8), 2002, p.38-61

- Nevile Morley, NDG 1997, Cities in Context: Urban Systems in Roman Italy. in H Parkins (ed.), Roman Urbanism, Routledge, pp. 42-58
- Peter Carl, 「Type, Field, Culture, Praxis」, Architectural Design Vol.81, Issue 1, Special Issue: Typological Urbanism: Projective Cities, p.38-45
- Peter Eisenman, 「The Formal Basis of Modern Architecture」, 1963, Republished by Lars Müller Publishers, 2006
- Peter G. Rowe, 「A Prior Knowledge and Heuristics Reasoning in Architectural Design」, JAE Vol. 36, No.1, Autumn, 1982, p.18-23
- Pier Vittorio Aureli, 「Appropriation, Subdivision, Abstraction: A Political History of the Urban Grid」 in Log No.44, Fall 2018, p.139-167
- Pier Vittorio Aureli, 「The Possibility of Absolute Architecture」, MIT Press, 2011
- Quatremère de Quincy, 「An Essay on the Nature, the End, and the Means of Imitation in the Fine Arts」, London: Smith, Elder and Co., Cornhill, 1837, p. 421
- Quatremère de Quincy, 「Encyclopédie méthodique. Architecture. T. 3, [Nacelle-Zotheca] (Éd.1788-1825)」, Hachette Livre-Bnf, 2022
- Rafael Moneo, 「On Typology」, Oppositions 13, Summer 1978, Princeton Architectural Press, p.22-45
- Robert Venturi, 「Complexity and Contradiction in Architecture」, MoMA, 1966
- Robert Venturi, Denise Scott-Brown & Steven Izenour, 「Learning from Las Vegas」, 1972
- Sam Jacoby, 「The Reasoning of Architecture: Type and the Problem of Historicity」, Universitätsbibliothek - TU Berlin, 2013
- Samir Younes, 「The Historical Dictionary of Architecture of Quatremere De Quincy: The True, the Fictive and the Real」, Papadakis Dist A C, 2006
- Steven E. Harris, 「Soviet Mass Housing and the Communist Way of Life」, in 「Everyday Life in Russia Past and Present」, Indiana Univ. Press, 2015, p.181-202
- Stuart Cohen, 「Physical Context/Cultural Context: Including it all」, Oppositions Reader: Selected Readings from A Journal for Ideas and Criticism in Architecture 1973-1984, ed. by K.Michael Hays, Princeton Architectural Press, 1998
- Vitruvius, 「De architectura」, English translation: 「Ten Books on Architecture」, trans. by Morris Hicky Morgan, Dover Publications, 1960
- Walter Benjamin, 「Arcades Project」, Belknap Press, 2002
- 박인석, 「아파트: 한국 사회」, 현암사, 2013
- 박철수, 「거주박물지」, 집, 2017
- 박철수, 「아파트」, 마티, 2013
- 황두진, 「무지개떡 건축」, 메디치미디어, 2015

도판 출처

그림1 https://commons.wikimedia.org/wiki/File:Gehry_Tanzendes_Haus.jpg
그림2 https://commons.wikimedia.org/wiki/File:Santa_Cruz,_Auditorio_de_Tenerife_(11).jpg
그림3 https://commons.wikimedia.org/wiki/File:Antwerp_port_house_(34728338842).jpg
그림4 https://commons.wikimedia.org/wiki/File:Di_Lucio_Vitruvio_Pollione_De_architectura_Libri_Dece_traducti_de_latino_in_vulgare_affigurati-_commentati-_%26_con_mirando_ordine_insigniti_MET_DP-12874-001.jpg
그림5 https://commons.wikimedia.org/wiki/File:Dongdaemun_Design_Plaza_at_night,_Seoul,_Korea.jpg
그림6 https://commons.wikimedia.org/wiki/File:Palazzo_Rucellai,_Florencia,_Italia,_2019_01.jpg
그림7 (좌) https://commons.wikimedia.org/wiki/File:Doric_Order_from_Athens_MET_DP827638.jpg
(우) https://commons.wikimedia.org/wiki/File:Giovanni_Battista_Borra_-_Remains_of_an_Ionic_Order_and_Circus_at_Aphrodisias_-_B1977.14.948_-_Yale_Center_for_British_Art.jpg
그림8 https://commons.wikimedia.org/wiki/File:The_classical_orders_of_architecture_and_other_classical_motifs..jpg
그림9 https://commons.wikimedia.org/wiki/File:Orders.jpg
그림10 https://commons.wikimedia.org/wiki/File:Columns_in_St._Peter%27s_Square_-_panoramio.jpg
그림11 https://commons.wikimedia.org/wiki/File:Draughtsman_Making_a_Perspective_Drawing_of_a_Reclining_Woman_MET_DT248024.jpg
그림12 https://commons.wikimedia.org/wiki/File:Prospettiva3D_6.png
그림13 https://upload.wikimedia.org/wikipedia/commons/9/9f/Ichnographiam_Campi_Martii_antiquae_urbis.jpg
그림14 http://www.unav.es/ha/002-ORNA/cajas-vanos.htm
그림15 『Towards a New Architecture』
그림16 https://commons.wikimedia.org/wiki/File:Lloyds_of_London_building_(Dec_2014).jpg
그림17~19: 저자 작성
그림20 https://commons.wikimedia.org/wiki/File:Timgad_-_Expansion_in_2nd_and_3rd_Century.jpg
그림21 https://commons.wikimedia.org/wiki/File:%EC%84%9C%EC%9A%B8_%ED%95%9C%EA%B0%95%EB%B3%80%EC%9D%98_%EC%95%84%ED%8C%8C%ED%8A%B8_%EB%8B%A8%EC%A7%80.jpg
그림22 https://commons.wikimedia.org/wiki/File:Klumava_Street_social_housing.jpg

그림23 https://commons.wikimedia.org/wiki/File:Ligorio_horti_variani_1551.jpg
그림24 『Complexity and Contradiction in Architecture』
그림25 https://commons.wikimedia.org/wiki/File:LevittownPA.jpg
그림26 https://commons.wikimedia.org/wiki/File:Pontifical_Academy_of_Sciences_-_building.jpg
그림27 https://commons.wikimedia.org/wiki/File:Vanna_Venturi_Ground_Floor_Plan.jpg
그림28 https://commons.wikimedia.org/wiki/File:V_Venturi_H_720am.JPG
그림29~30 저자 작성
그림31 Venturi, 『Complexity and Contradiction in Architecture』
그림32 Venturi, 『Complexity and Contradiction in Architecture』
그림33~35, 37 저자 재구성 작성
그림36 https://commons.wikimedia.org/wiki/File:JNLDurand.jpg
그림38 https://commons.wikimedia.org/wiki/File:Essaisurlarchitecture.jpg

보편적
건축을 향하여
© 김선우 2023

초판 1쇄 펴냄 2023년 1월 31일

지음 김선우
편집 박지현, 김혁준
교정 이중용
용지 이지포스트
디자인·제작 픽셀커뮤니케이션

펴낸곳 픽셀하우스
등록 2006년 1월 20일 제319-2006-1호
주소 서울시 강남구 논현로 26길 42, B1 studio
전화 02 825 3633
팩스 02 2179 9911
웹사이트 www.pixelhouse.co.kr
이메일 pixelhouse@naver.com

ISBN 978-89-98940-22-5 (03600)
정가 16,000원

*이 도서는 한국출판문화산업진흥원의 '2022년 중소출판사 출판콘텐츠 창작 지원 사업'의 일환으로
국민체육진흥기금을 지원받아 제작되었습니다.
*저작권법에 의하여 한국 내에서 보호를 받는 저작물이므로 어떤 형태로든 무단 전재와
무단 복제를 금합니다.